열살 엄마

육아
수업

열 살 엄마 육아 수업

초 판 1쇄　2020년 02월 25일

기　획 김도사
지은이 이정림
펴낸이 류종렬

펴 낸 곳 미다스북스
총괄실장 명상완
책임편집 이다경
책임진행 박새연 김가영 신은서
본문교정 최은혜 강윤희 정은희 정필례

등록 2001년 3월 21일 제2001-000040호
주소 서울시 마포구 양화로 133 서교타워 711호
전화 02) 322-7802~3
팩스 02) 6007-1845
블로그 http://blog.naver.com/midasbooks
전자주소 midasbooks@hanmail.net
페이스북 https://www.facebook.com/midasbooks425

© 김도사, 이정림, 미다스북스 2020, *Printed in Korea*.

ISBN 978-89-6637-766-4 03590

값 15,000원

미다스북스는 다음세대에게 필요한 지혜와 교양을 생각합니다.

열 살 엄마
육아 수업

김도사 기획 · 이정림 지음

미다스북스

부모님들의 공통적인 고민은 아이의 육아와 교육이다. 서점이나 도서관에 가면 부모를 위한 육아와 교육 관련 책이 많이 나와 있다. 어떤 방식을 적용할까 하는 문제가 훈육과 교육에 열성적인 엄마들에게 주어진 과제다.

그러나 책들에 나온 방식대로, 남들이 하는 방식대로 무조건 따라 하기보다는 내 아이에게 맞는 교육 방식이 필요하다. 내가 아이로부터 이끌어내고 싶은 것과 변화시키고 싶은 것을 정해야 한다. 그렇다고 한꺼번에 너무 많은 욕심을 부리면 행동으로 옮기기 어려워진다.

아이를 훈육하고 양육하는 방법을 성공적으로 찾아낸 부모들에게는 분명한 양육의 철학이 있다. 남들을 따라 하는 것이 아니라 아이의 마음을 움직일 수 있는 자신만의 훈육과 양육 기준을 세워 원칙을 정해 실천해야 한다. 내 아이를 공부해야 내 아이를 알게 된다. 훈육은 어려운 것이 아니다. 부모가 자신감을 가지고 내 아이가 할 수 있는 것과 아이가 필요로 하는 것을 알고, 아이의 변화에 대한 확신이 생긴다면 훈육이 어렵다는 부담을 덜어낼 수 있다.

이 책에는 아이들을 키우면서 겪었던 일과 느낀 점을 중심으로 다양한 사례를 담았다. 아이들과 생활하면서 겪었던 경험과 노하우가 아이를 양육하면서 힘든 부모님들에게 도움이 되었으면 한다. 아이와 부모님 모두 행복한 삶이 되기를 바라며 내가 아이를 양육하고 키웠던 방식의 내용이 많은 분들께 도움이 되기를 바라는 마음으로 육아와 독서에 대한 내용을 담았다.

교세라 그룹의 이나모리 가즈오 회장은 사람의 유형을 가연성(可燃性), 불연성(不燃性), 자연성(自然性)의 3가지로 분류했다. 먼저 '가연성' 인간은 불을 태우기는 하지만 주변 사람들의 영향을 받아야만 타오르는 수동적 유형이다. '불연성' 인간은 주위에서 에너지를 불어넣어줘도 냉소적인 태도를 유지해 잘 타지 않는 사람을 말한다.

'자연성' 인간은 누가 시키지 않아도 스스로 잘 타오르고 솔선수범해 타의 모범이 되는 유형이다. 여기에 덧붙여 '소화성(消火性)' 인간을 추가

할 수 있다. 말 그대로 불을 태우지도 않을 뿐더러 다른 사람의 열정까지도 꺼버리는, 불연성보다 더욱 부정적인 영향을 끼치는 사람을 뜻한다.

아이가 어느 유형에 속하는지 생각해볼 필요가 있다. 부모가 시키지 않아도 알아서 잘하는 '자연성'일까? 아니면 부모 말을 듣지 않고 속을 많이 태우는 불연성일까? 다른 사람의 의욕을 꺾어놓는 소화성일까? 달래주어야 수동적으로 움직이는 가연성일까? 당신의 자녀는 어디에 속할까?

아이에게 모든 일을 스스로 할 수 있도록 기회를 주어야 한다. 실수하더라도 스스로 방법을 찾을 수 있도록 기회를 주게 되면 아이는 자기 주도적으로 삶을 살아갈 준비를 하게 된다. 부모는 아이가 좋은 해결책을 찾도록 도와주는 좋은 조력자가 되어야 한다. 부모가 아이에게 하는 긍정적인 말은 아이에게 좋은 영향을 주게 된다. 아이의 마음을 읽는 독서법은 처음부터 아이의 생각을 존중해주어야 한다는 것이다. 아이의 생각이 완벽하지 않은 것은 당연하다. 아이의 생각에 대해서 끝까지 경청해주고 격려해주는 것은 아이의 자존감을 세워주는 것이다. 책에 대한 좋은 독서법은 아이의 흥미 위주로 격려해주어야 한다는 것이다.

생텍쥐페리가 쓴 『어린 왕자』를 보면 이런 내용이 나온다.

"너 누구지? 참 예쁘구나." 어린 왕자가 말했다.

"난 여우야."

"이리 와서 나하고 놀자." 하고 어린 왕자가 청했다.

"난 지금 너무 슬프단다……."

"난 너하고 놀 수가 없어." 여우가 말했다.

"난 길들여지지 않았거든."

"아, 그래? 미안해." 어린 왕자가 말했다.

그러나 잠시 생각해보다가 그가 다시 말했다.

"'길들인다'는 게 뭐지?"

"넌 여기 사는 애가 아니구나. 넌 뭘 찾고 있는 거니?" 여우가 말했다.

"난 사람들을 찾고 있어." 어린 왕자가 말했다.

"'길들인다'는 게 뭐지?"

"사람들은 말이야." 하고 여우가 말했다.

"총을 가지고 사냥을 하지. 그건 정말 곤란한 일이야. 사람들은 또 닭도 기르지. 그들이 관심 있는 건 그것뿐이야. 너도 닭을 찾고 있는 거지?"

"아니 난 친구들을 찾고 있어. '길들인다'는 게 뭐지?"

"그건 사람들이 너무나 잊고 있는 건데……. 그건 '관계를 맺는다'는 뜻이야." 여우가 말했다.

"관계를 맺는다고?"

"물론이지." 여우가 말했다.

"넌 나에게 아직은 수없이 많은 다른 어린아이들과 조금도 다를 바 없는 한 아이에 지나지 않아. 그래서 나는 널 별로 필요로 하지 않아. 너 역시 날 필요로 하지 않고. 나도 너에게는 수없이 많은 다른 여우들과 조금도 다를 바 없는 한 마리 여우에 지나지 않지. 하지만 네가 나를 길들인다면 우리는 서로를 필요로 하게 되는 거야. 너는 내게 이 세상에서 하나밖에 없는 존재가 되는 거야. 난 네게 이 세상에서 하나밖에 없는 존재가 될 거고……."

양육과 교육은 부모의 길들이기와 자녀가 길들여지는 사이에서 부모와 아이가 같이 성장해 나아가는 것이다.

목차

1 장

왜 아이에게 그런 말을 할까?

2 장

어린이 책을 읽으면 아이 마음이 보인다

3 장

육아가 힘들다면 원칙이 흔들리는 것이다

4장

부모가 원하는 독서가 아닌 아이가 즐거운 독서 경험 만들기

5장

어린 시절 10년이 평생을 행복하게 한다

왜
아이에게
그런 말을
할까?

01

아이에게 무심코 내뱉은 말들

아는 것은 좋아하느니만 못하고
좋아하는 것은 즐기느니만 못하다.

– 논어 –

옛날에 달이 자기 어머니에게 자신에게 잘 맞는 귀여운 옷을 한 벌 지어 달라고 부탁했다. 그러자 어머니가 달에게 말했다.

"내가 어떻게 너한테 잘 맞는 옷을 지어줄 수 있겠니? 지금은 초승달이지만 곧 너는 보름달이 될 텐데. 그리고 그 뒤에는 초승달도 보름달도 아니게 될 거야."

이솝이야기 「달과 그의 어머니」 중에서 나오는 우화다. 자주 변덕을 부리는 사람한테는 어떤 일도 일관성 있게 해줄 수 없다는 교훈을 준다.

『수박 먹고 대학 간다』 책은 고등학교 선생님들이 진학 지도 시 120여 개 대학들에 대해 궁금해할 내용들을 정리해놓은 책이다. 예를 들면, 전년도 대비 변경된 내용이 올해 입시에 미칠 영향, 학생부종합전형 서류 평가의 대학별 특징, 전공 적합성 범위, 학생 수 감소가 합격선에 미치는 영향 등이 있다.

대학생 딸아이와 2년 전에 대학입시 지원할 때 참고했던 책이었다. 정시도 준비하고 수시도 준비하고 논술도 준비했다. 학교 생활기록부 관리도 목숨 걸고 했던 딸아이는 고등학교 3학년 내내 성적과 학생부를 관리했고 정시 준비를 했으며 대치동 논술학원에 다녔다. 대학은 학생부종합전형 자기추천 전형으로 심층 면접을 본 후에 합격해서 입학했다. 심층 면접을 보기 전에는 대치동 주변 면접학원도 다녔다. 돌이켜보면 피 말리는 입시전쟁이었다.

20년도 더 지난 시절 연애, 결혼, 임신, 출산, 육아의 과정을 거치는 동안 난 서툴고 실수투성이였던 엄마였다. 지금은 21살 나연이와 17살 좌윤이를 키우면서 아이들과 같이 성장하고 하나씩 배워가는 중이다.

여성에게 있어서 임신, 출산, 육아는 여전히 여성의 주된 경력 단절 사유로 작용하고 있다고 한다. 나 역시 예외는 아니었다. 나연이를 키울 때

친정에 부탁했다가 일을 그만두고서야 본격적으로 나연이를 양육하게 되었다.

 엄마의 감정에 치우쳐 일관성 있게 대하지 못할 때 아이에게 무심코 말을 내뱉게 될 때가 있다. 아이에게는 일관되게 이성적으로 엄마가 하고 싶은 말을 잘 전달해야 할 필요성이 있다. 아이의 행동이나 말에 대해서 즉각적으로 화내지 말고 때리지 말아야 하며 아이의 기분을 인지하고 들어주면서 천천히 반복해서 부모의 마음을 설명해주어야 한다.

 아이와 얼마나 오랜 시간 같이 있느냐보다 아이와 함께 있는 동안 어떻게 해주느냐가 중요하다. 아이에게 화내거나 야단치지 말고 공감하는 말투로 문제 행동을 멈추게 해야 한다. 아이에게는 바라는 것을 직접적으로 설명해주어야 한다.

 말에 대한 중요성은 아무리 강조해도 지나침이 없다. 상스럽고 거친 단어나 욕설은 아이에게 영향을 금방 준다. 인간의 특성 중 하나는 좋은 것보다는 나쁜 것을 더 빨리 배우는 안 좋은 습성이 있다고 한다. 아이가 성장함에 따라서 엄마가 했던 말과 유사한 말을 들었을 때 익숙하게 받아들이게 된다는 것이다. 아이는 가정 밖에서보다 가정 안에서 더 많은 것을 배운다. 엄마와 가족들이 언어 습관을 되짚어봐야 하는 부분이다.

엄마가 아이를 어떻게 대하고 대화를 하느냐에 따라서 아이의 가능성이 달라진다.

통제하는 부모가 무심코 내뱉은 말 때문에 아이는 상처를 받는다. 비난하고 꾸짖고 지적하면서 실망감을 표현하게 되면 아이는 지지받고 사랑받는다는 느낌 없이 자존감이 무너질 수도 있다. 반면에 부모가 지나치게 허용적인 태도로 무심코 내뱉는 말이 된다면 아이는 책임감을 느끼지 못한 채 너무 많은 자유를 누리게 된다.

앞의 내용에서 밝힌 것과 같은 것은 아이를 망치게 되는 경우다. 무심코 말을 내뱉는 부모가 될 것이 아니라 허용적인 부모의 모습을 보여주면서 아이가 자신의 행동에 대한 책임감을 갖도록 해야 한다.

아이는 독립된 존재로 유능감을 키우는 데 필요한 책임감을 숙지해야 한다. 부모는 아이의 처지가 되어 공감해주어야 하고 호기심을 갖고 아이의 말을 들어줄 수 있어야 한다. 무심코 말을 내뱉어 아이에게 상처와 창피를 주지 말고 격려해주어야 한다.

허균의 『한정록』에 보면 상용은 노자의 스승으로 알려진 인물이다.

상용이 세상을 뜨려 하자 노자가 마지막으로 가르침을 청했다. 상용이 입을 벌리며 말했다.

"혀가 있느냐?"
"네, 있습니다."
"이는?"
"하나도 없습니다."
"알겠느냐?"

노자가 대답했다.

"강한 것은 없어지고 부드러운 것은 남는다는 말씀이시군요."

말을 마친 상용이 돌아누웠다.
노자의 유약겸하(柔弱謙下), 즉 부드러움과 낮춤의 철학이 여기서 나왔다.

아이가 사춘기 이전에 좋은 감정의 관계를 맺어놓으면 사춘기가 와도 부모와의 안정된 관계를 바탕으로 건강하게 성장하게 된다. 아이의 마음을 여는 말은 "너를 믿어.", "너를 이해해." 등의 말이다. 부모가 무심코 내뱉는 말중에 아이의 마음을 닫게 하는 말은 "너를 도대체 이해할 수가 없어.", "너는 누구를 닮아서 그 모양이니.", "너는 옆집 ○○를 좀 닮아봐라." 등이다.

아이를 먼저 믿어주고 먼저 이해해준다면 아이에게 좋은 부모가 되고 아이 역시 좋은 자녀가 되려고 노력하게 된다.

소설가 찰스 디킨스는 그의 소설『위대한 유산』에 이렇게 적어 놓았다.

"양육하는 사람이 누구건, 아이들이 존재하는 조그만 세계에서 부당한 처사만큼 아이들에게 예민하게 인식되고 세세하게 느껴지는 것은 없다."

부모가 자녀를 다 비슷하게 대해도, 형제자매는 대우를 매우 다르게 인식한다.

아이를 자신의 소유물로 착각하는 엄마의 욕심이 아이의 자존감을 흔들고 무심코 말을 내뱉게 된다. 부모의 사랑이 아이 자존감의 바탕이다. 부모의 사랑을 받는 아이는 스스로에 대한 소중함을 알고 타인을 대할 때에도 소중하게 대한다. 부모는 본인의 기분과 감정에 따라 아이를 대하면 안 된다.

미국의 작가 리디아 시거니는 유아 시절에 아이들에게 어떤 습관을 훈련시키느냐에 따라 아이들의 삶이 게으른 가난뱅이가 되는지 아니면 근면한 부자가 되는지가 결정된다고 했다. 아이의 감정이나 충동, 절제에 대한 자제 능력은 성장하면서 바람직한 것과 분별력, 인내심, 끈기 등을 배워나가게 되는 것이다.

아이를 건강한 사람으로 키우려면 부모의 심리가 안정되어 있어야 한다. 심리가 안정되어 있으면 아이를 대할 때에도 긍정적으로 바라보게 되고 서로 노력하는 관계가 될 수 있다.

아이를 교육하려면 일관된 원칙이 필요하다. 부모는 자신의 감정과 기분대로 표현하지 말고 감정을 다스릴 줄 아는 인내심이 필요하다. 아이가 원하는 것에 유연하게 대응하며 취해야 할 행동을 스스로 하도록 하는 부모가 되어야 한다.

명나라 때 육소형의 『최고당검소』에도 비슷한 얘기가 실려 있다.

"혀는 남지만 이는 없어진다. 강한 것은 끝내 부드러움을 이기지 못한다. 문짝은 썩어도 지도리는 좀먹는 법이 없다. 편벽된 고집이 어찌 원융함을 당하겠는가?"

강한 것은 남을 부수지만 결국은 제가 먼저 깨지고 만다. 부드러움이라야 오래간다. 어떤 충격도 부드러움의 완충 앞에서 무기력해진다. 강한 것을 더 강한 것으로 막으려 들면 결국 둘 다 상한다. 출입을 막아서는 문짝은 비바람에 쉬 썩는다. 하지만 문짝을 여닫는 축 역할을 하는 지도리는 오래될수록 반들반들 빛난다. 좀먹지 않는다. 어째서 그런가? 끊임없이 움직이기 때문이다. 하나만 붙들고 고집을 부리기보다 이것저것 다 받아들여 자기화하는 유연성이 필요하다는 말이다.

02

잘 못하고 느려도 끝까지 믿어주자

성공하는 사람이 되려고 애쓰지 말고,
가치 있는 사람이 되도록 노력하라.

— 알베르트 아인슈타인, 미국의 물리학자 —

'네 할 일만 잘하면 된다. 다른 건 엄마가 알아서 해줄게.'라고 하는 것을 당연시하는 분위기가 있다. 이렇게 엄마가 늘 아이의 모든 것을 관리하면 아이는 실패나 어려움을 겪지 않고 성장하게 될 수도 있다. 하지만 작은 역경이나 시련을 만나도 극복하지 못하게 될 수도 있다. 내 아이가 스스로 자기 인생을 살아갈 수 있도록 자립심을 길러주어야 한다.

십 대로 들어선 아이는 자신의 정체성을 찾고 싶어 한다. 부모를 당황시키는 행동과 말을 하기도 하고 반항을 한다. 가족보다는 친구를 우위에 두고 소통하려 한다. 부모로부터 사생활을 지키려 하고 비밀도 많아진다. 몸과 마음에서 변화를 겪게 되어 십 대의 사춘기로 들어서게 된다.

단기적인 양육보다는 장기적인 양육 방법을 선택해야 한다. 아이의 자립심과 능력에 대한 믿음을 보여주어야 한다. 단호함과 친절함이 필요한 부분이다. 친절함은 아이와 공감할 수 있는 부분이다. 시간을 가지고 문제 해결을 해나가고 어떤 상황이 되면 아이가 처리할 수 있을 것이라는 믿음을 엄마가 가져야 한다.

"대나무 중 최고로 치는 '모죽(毛竹)'은 씨를 뿌리고 5년간은 죽순이 자라지 않는다고 한다. 정성을 다해 돌봐도 살았는지 죽었는지 꿈쩍도 하지 않는다. 그러다 5년이 지난 어느 날부터 손가락만 한 죽순이 돋아나기 시작해 하늘을 향해 뻗어 간다. 하루에 70~80㎝씩 쑥쑥 자라기 시작해 6주 무렵에는 30m까지 자라나 웅장한 자태를 자랑한다.

정지한 시간처럼 보이는 5년간 모죽은 성장을 멈춘 것일까. 의문을 가진 사람들이 땅을 파봤더니 대나무 뿌리가 땅속 사방으로 10리가 넘도록 뻗어 있었다고 한다. 6주간의 성장을 위해 무려 5년을 은거하며 내실을 다져왔다니 참으로 경이로운 일이다. 하기야 이렇게 탄탄히 기초를 다졌으니 그 거대한 몸집을 지탱할 수 있는지도 모른다.

모든 사물에는 임계점이 있고 변곡점이 존재한다. 직전까지 아무 변화가 없어 보여도 여기에 도달하면 폭발적으로 비약한다. 모죽이 성장을

위해 5년을 인내하는 것처럼 현재의 어려움을 견뎌낸다면 언젠가는 모
죽처럼 쑥쑥 자라고 있는 자신을 발견할 것이다.”

– “...기다림의 미학...”, 〈서울경제신문〉 2015.11.26.

아이가 잘 못하고 느려도 끝까지 믿어주고 기다려주는 성장의 과정이
모죽과 비슷한 것 같다. 아이의 교육에 있어서도 모죽이 성장을 위해 5년
을 기다리는 것처럼 부모도 인내하는 마음이 필요한 지점이다.

열 살 이상의 아이에게는 혼자 있게 내버려 두라고 말을 해도 실제로
는 양육에 대한 지침이 필요하다. 아이는 엄마가 친절하고 단호하게 자
신을 존중해주기를 바란다. 가족 구성원은 각자 자신의 삶이 있고 아이
는 우주의 중심이 아니라 일부분이라는 것을 알아야 한다. 아이는 실수
를 통해 배움의 기회를 얻게 된다. 부모는 아이가 비난이나, 고통을 느끼
지 않는 분위기에서 아이 스스로 선택한 결과에 대해서 돌아봄으로써 책
임감 있는 사람이 되도록 도와줘야 한다.

가족과 육아에 대해 연구해온 임상심리학자 토니 험프리스는 말했다.

“아이가 자신의 가치를 충분히 알 수 있도록 부모가 도움을 주어야 한

다. '난 못해', '난 자격이 없어.'라며 본래 자신의 자아, 자신의 가치를 사소하게 생각하는 아이는 학습에도 흥미를 느끼지 못하며 성인이 되어서도 재능을 펼칠 기회를 스스로 놓치기 쉽다."

그는 호기심이 풍부한 아이로 자라기 위해서는 우선 자존감이 높아야 한다고 주장했다. 그는 자존감이 높은 아이일수록 배우고자 하는 열망이 높고 도전을 즐기며 배움에 대한 호기심이 살아 있다고 한다.

아이의 성취감을 키우게 하려면 작은 성공을 많이 맛보게 하는 것이 중요하다. 부모가 아이의 입장에서 아이가 특별하게 생각하는 사람에게 칭찬을 받게 되면 아이의 마음에 내적으로 강한 동기 부여가 될 수 있다. 예를 들면 처음에는 과학 문제를 잘 풀어서 선생님에게 칭찬을 받게 되어 과학을 좋아하기 시작했다고 해도, 나중에는 스스로 문제를 풀게 되고 답을 맞혀가는 과정에서 성취감을 맛보기 위해 공부하는 아이가 된다.

성공을 경험한 아이는 자신이 스스로 해냈다는 성취감을 느끼게 되는데, 작은 성취감이 자라면서 내적으로 동기 부여가 되는 것이다. 부모의 역할은 아이가 중간에 포기하지 않도록 격려와 용기를 북돋아주며, 성공할 수 있도록 코치해주는 것이다.

달팽이는 적의 공격을 받으면 재빨리 등껍질 안으로 몸을 숨겨 안전하게 피한다. 저녁에 주로 활동하는 달팽이는 낮게 쉴 때도 온몸을 움츠리고 껍질에 들어가는데, 이는 몸의 점액질이 없어지는 것을 방지하여 생명을 유지하기 위해서다. 만약에 달팽이에게 등껍질이 없어진다면 일찍 죽고 말 것이다.

달팽이에게 등껍질은 귀찮고 버겁지만, 평생 지니고 가야 할 희망의 원동력이자 생명줄이다. 무거운 등껍질을 짊어지고 느리게 전진하는 달팽이를 눈여겨보는 사람은 없다. 하지만 달팽이는 등껍질을 짊어지고 높은 곳에 오르기 위해 쉼 없이 기어간다. 느려도 언젠가는 반드시 높은 곳에 오를 수 있게 되는 것이다.

아이가 잘하지 못하고 느려도 꾸준히 노력하면 이룰 수 있다는 것을 엄마는 응원하고 격려해주어야 한다. 예일대학교 교수인 로버트 쉴러 박사에 따르면 정신을 집중할 수 있는 능력이 바로 지능을 결정하고, 집중을 위해서는 무엇보다 동기가 중요한 특성이라고 했다. 아이큐를 결정하는 핵심 요소가 동기라고 할 수 있는 것이다.

유아기 때부터 형성된 부모로부터 받았던 따뜻하고 지속적인 사랑과 보호를 통해 심리적인 안정과 신뢰를 배우게 된다. 유년 시절 발달한 신뢰감과 정서적인 안정감은 아이가 성장함에 따라 겪게 될 경험을 받아들이는 데 큰 영향을 미친다. 아이는 성취보다 노력이 중요하다는 것을 깨달을 때 실패를 두려워하지 않게 된다.

힘든 노력을 통해서 만족감과 성취감을 느끼지 못하는 아이는 내적 동기가 약하다. 중요한 것은 부모의 따뜻한 시선과 사랑이다. 결과보다는 아이의 노력에 가치를 두어야 하며 성취했을 때 진심으로 기뻐해주며 칭찬해주어야 한다. 아이에게도 부모에게도 중요한 자기 훈련의 비결은 동기다. 각자 스스로 동기가 있을 때 자기 훈련이 되어 있어야 앞으로 나아갈 수 있는 추진력이 생긴다.

교육심리학자인 제르맹 뒤클로(Germain Duclos)는 자아 존중감을 높이는 네 가지 키워드를 '자신감, 긍정적인 자아상, 소속감, 능력에 대한 자부심'으로 보았다. 이 이론에서도 성공은 자신감과 능력에 대한 자부심을 키워줄 것이고 칭찬은 긍정적인 자아상과 소속감을 길러줄 것이다. 따라서 성공과 칭찬의 경험은 많으면 많을수록 좋다.

03

화내는 엄마, 마음대로 안 되는 아이

부모란 하나의 중요한 직업이다.
그러나 여태껏 아이들을 위해 이 직업의 적성검사가 행해진 적은 없다.

- 조지 버나드 쇼, 영국의 작가 -

좌윤이는 게임을 좋아한다. 남자아이들의 관심사에서 우리 아들도 예외는 아니었다. 게임에 대해서 유해하다고 얘기를 해도 먹히지 않고 오히려 더 게임을 즐기는 것 같다. 화를 내도 말을 안 듣고 좋게 타일러도 말을 듣지 않는다. 중독은 아닌 것 같은데 걱정이 태산이다.

들려오는 다른 집 경우를 보면 아들이 PC방에서 살다시피 하니까 아이의 아빠가 화가 나서 골프채를 들고 PC방을 찾아가서 아들이 앉아 있는 자리의 컴퓨터 모니터를 부수었다고 한다. 아들의 머리를 잡아채서 끌고 나왔는데 그 광경을 목격한 사람들은 놀라서 혼비백산 흩어지고 PC방 주인에게 아빠는 컴퓨터값을 물어주었다고 한다.

그 뒤로 아들이 정신을 차리고 게임을 안 하는지, 몰래 하는지 알 수는 없지만, 아들을 둔 부모들에게 시사하는 바가 크다. 과연 강압적으로 하는 게 맞는지, 아니면 그냥 통제와 허용 속에서 균형점을 찾아야 하는지 아직도 숙제다.

심리학자 존 가트맨 박사는 '감정코칭'을 위해서는 "모든 감정은 용납하되 행동에는 제한을 두라."라는 원리에 충실하라고 한다. 엄마들은 아이가 보이는 감정을 축소하거나 하찮게 여기는 경우가 있다. 아이 감정을 억압하는 상황이 발생하는 것이다. 감정코칭이야말로 자녀들에게 어떻게 느끼고 행동해야 하는가를 수백 마디 말을 하지 않아도 자녀 스스로 깨우치게 해주는 효과가 있다고 말한다.

이 세상에 완벽한 부모는 없다. 엄마가 힘들면 힘들다고 아이에게도 얘기할 수 있어야 한다. 아이가 자신을 힘들게 한다는 사실을 인정하고 아이가 미울 때에는 '너 미워, 그렇지만 엄마가 너를 미워하면 안 되지.'라고 생각하라는 것이다. 엄마의 부정적 감정 화, 분노, 슬픔 등을 아이가 경험할 수 있게 해야 한다고 한다. 아이는 부모에게서 긍정적인 감정을 배워야 하지만 부정적인 감정도 배워야 하기 때문이다. 긍정적인 감정으로 엄마의 자존감을 높이는 것도 필요하지만 부정적인 감정이 생겼을 때 어떻게 표현하고 처리하는지도 배워야 한다.

정신분석의 정도언의『프로이트의 의자』를 보면 분노라는 무의식을 다스리는 방법에 대해 제시되어 있다.

"깊게 숨을 쉬기 위해서는 우선 숨을 내쉬어야 한다. 숨이 차 있는데 숨을 들이쉬면 힘이 들어간다. 숭을 내쉬어야 새 숨이 들어올 공간이 생긴다.

분노했을 때 들이쉬는 숨은 세 박자, 내쉬는 숨은 다섯 박자 정도로 길이를 조정한다. 그러면서 손발이 무겁거나 따뜻해진다는 느낌이 든다고 상상을 한다. 그리고 내 안의 분노가 '호랑이'라면 우리에서 뛰쳐나온 호랑이를 일단 달래서 그 안으로 다시 넣는다고 머릿속으로 그림을 그리면서 상상한다. 그 후에 우리 안에서 호랑이가 자신을 표현할 수 있도록 도와준다고 이어간다. 그것이 안전하게 분노를 내 안으로 끌어들이는 방법이다. 분노 역시 내가 만들어낸 내 마음의 자식이다."

아이를 감정적으로 꾸짖으면 아이는 위축되어 거짓말을 한다. 아이가 잘못했을 경우나 실패에 심하게 화를 내면 아이는 위축되어 다른 방향으로 어긋나게 될 수도 있다. 아이가 잘못하면 엄마는 감정적으로 야단치지 말아야 한다. 엄마가 감정적으로 화를 자주 내면 아이는 잘못을 감추는 데 급급해진다. 아이가 잘못이나 실수를 하더라도 야단치지 않고 실패를 극복할 수 있도록 조언하고 협력해주는 부모 밑에서 자란 아이는 도전이나 모험을 두려워하지 않는다. 아이는 실수와 실패를 경험함으로써 마음먹은 대로 되지 않은 일에 대한 대처법이나 극복하는 방법을 배워나가게 된다. 아이에게 실패를 극복할 수 있는 용기와 강인함을 길러주려면 아이를 꾸짖거나 화를 내어 위축시키면 안 된다. 아이가 자신감을 잃지 않도록 실패를 솔직하게 인정하며 감추지 않고 원인에 대해서 스스로 생각하게 가르쳐야 한다. 아이의 문제 행동은 욕구나 감정에 의해 일어난다. 엄마는 아이의 감정이나 욕구가 무엇인지 발견하고 아이가 욕구나 감정에 바람직하게 대처할 수 있도록 도와주어야 한다.

엄마의 반응을 바꾸면 아이의 반응을 바꿀 수 있게 된다. 아이의 감정을 일일이 알아낸다는 것은 힘든 일이다. 화를 내는 상황이 되었다면 엄마의 행동과 말을 멈추고 변화시켜야 한다. 아이가 말을 듣지 않고 평정을 잃어버려도 엄마는 평정심을 유지해야 한다. 아이와의 기 싸움은 누가 이기고 누가 지느냐의 문제가 아니다. 엄마와 아이는 강렬한 기 싸움을 통해 감정에 대처하는 방법을 배우고 문제 해결 방법을 찾을 수 있다. 아이에게 화가 났다면 엄마는 자신의 감정을 들여다보고 살펴보아야 한다. 아이가 버릇없이 굴고 마음대로 되지 않고 협력을 거부한다면 무언가 이유가 있다는 사실을 상기해야 한다. 아이는 표현이 서툴다. 엄마가 아이를 바라보는 사고의 틀을 바꾸면 평정을 유지하는 데 도움이 된다.

로이 바우마이스터는 『통제력 상실』에서 다음과 같이 설명한다.

"부모가 기분이 안 좋을 때는 아이를 가혹하게 처벌하고 기분이 좋을 때는 가볍게 넘기는 식으로 행동하면 절대 아이를 통제할 수 없다."

아이가 마음대로 되지 않을 때 엄마는 치밀어 오르는 분노와 화를 참아야 한다. 우선 아이의 감정에 반응해주어야 한다. 아이가 엄마에게 공감을 받게 되면 공감의 능력이 생기고 다시 일어날 수 있는 원동력이 된다. 엄마가 아이에 대한 감정에 대해서 먼저 인정해주고, 아이 스스로 감정을 자각할 수 있도록 도와주어야 한다.

아이의 감정에 공감해주게 되면 슬플 때나 기쁠 때 또는 화가 났을 때나 우울할 때 감정이 극대화된다. 자신의 감정에 공감해주는 엄마로 인해 감정을 치유하게 되고 감정을 해소하게 된다.

가트맨 박사는 "상이나 벌은 자녀가 맹목적으로 부모의 지시를 따르거나 거꾸로 제멋대로 행동하게 하는 효과만 가져올 뿐"이라고 경고한다.

케빈 리먼의 저서 『사춘기 악마들』의 내용을 보면 가장 바람직한 양육 형태는 부모가 자녀에 대해 건강한 권위를 갖고 균형 잡힌 태도를 취하는 것이다. 건강한 권위를 가진 부모는 자신과 아이들이 동등하다는 것을 믿는다. 한 가족이기 때문에 이겨도 다 같이 이기고 져도 다 같이 진다고 느낀다. 가족 구성원은 누구 하나 더하거나 덜하지 않고 똑같이 중요하다. 건강한 권위를 가진 부모는 자신이 집안 분위기를 책임져야 한다는 것을 잘 안다. 그래서 모든 가족이 정신적, 신체적으로 안전하게 지낼 수 있는 규칙과 한계를 정하기 위해 노력한다.

스마트한(SMART) 부모가 되는 법

S (Self-control) : 자제력은 대단한 이점이다. 아이가 자제력을 갖길 바란다면 당신부터 그런 모습을 보여라.

M (Minimize) : 부정적인 기대는 최소화하자. 긍정적인 생각에 초점을 맞춰라.

A (Attitude) : 당신의 태도는 아이와의 게임에서 승리할 비장의 무기다.

R (Recognize) : 아이는 당신이 아니라는 점을 인정하자.

T (Talk) : 아이가 하는 얘기를 잘 듣고, 잘 생각하고, 마음을 가다듬은 다음 아이에게 말을 하자.

04

착한 아이는 부모가 만든 허상이다

부모란 아이들이라는 화살을 쏘기 위해 있어야 하는 활과 같다.
활이 잘 지탱해주어야만 화살이 멀리, 정확히 날아갈 수 있는 법이다.

– 칼릴 지브란 –

내 아이를 착하게 의도한 대로 키운다는 것이 가능할까? 착한 아이는 부모가 만든 허상에 불과하다. 아이는 아이 나름의 고유의 기질과 성격이 있는데 그것이 부모가 만들어놓은 상에 갇혀버리는 것이다.

내 아이가 거짓말을 하지 않을 것이라는 생각은 부모의 허상이다. 아이가 거짓말을 하는 동기를 이해한다면, 부모에게 사실대로 말을 했을 때 괜찮은 분위기를 효과적으로 만들 수도 있다. 아이가 부모에게 사실대로 말하면 고통을 겪거나 비난과 수치심을 받을 수 있다는 생각에 사실대로 이야기하지 않는 것이다. 아이가 간절히 원하는 것을 하지 못하게 하게 된다면 아이는 사실대로 말하지 않는다.

나연이와 좌윤이도 예외는 아니었다. 유아기에서 벗어나 유치원기에 접어들고 초등학교 고학년이 되면서 자아가 형성되고 자존감이 생기면서 아이가 나에게서 벗어나려고 하는 것이 느껴졌다. 친구와 어울리는 것을 더 좋아하고 비밀이 생기고 반항을 하기도 했다.

좌윤이는 거짓말을 안 하는 줄 알았다. 그런데 학교에서 오케스트라 수업을 받는 줄 알았는데 수업을 빼먹고 PC방을 간 것이다. 아이를 믿었던 나는 내가 만들어놓은 허상에 갇힌 것이었다.

봉사활동으로 인정해줄 수 없다는 오케스트라 선생님의 전화를 받고 나서야 알게 되었다. 무려 반년을 넘게 내가 속아왔다는 걸 말이다. 매주 월요일 틀림없이 참석하는 줄 알았던 나는 아이를 완벽하게 믿었다. 다른 집 아이들은 거짓말을 해도 내 아이는 예외일 거라는 착각 속에 빠졌던 나는 뒤통수를 맞은 기분이었다.
아이는 사실이 밝혀지고 난 뒤 나에게 와서 잘못을 뉘우치고 용서를 빌었다. 엄마가 PC방이라고 하면 무조건 못 가게 해서 거짓말을 한 것이라고 했다. 이후로 PC방 가는 것에 대해서 좌윤이와 조율하기로 했지만, 아직도 못마땅하다.

아이가 스스로 선택하고 실수하면서 배워나가는 새로운 가능성을 탐색하는 것을 부모가 믿어준다면 아이는 솔직하게 말하는 데 두려움이 없을 것이다. 실수할 때 부모가 화내지 않고 격려해주고 지지해준다면 아이는 솔직하게 말할 가능성이 크다.

아이에 대한 기대를 낮추고 욕심을 버리며 아이가 알아서 하도록 습관을 들이는 것이 좋다. 엄마의 잔소리와 간섭에서 아이가 멀어지게 되면 자율성이 생겨 스스로 잘하게 되고 아이는 성취감을 통해 행복을 느낀다. 엄마가 변하면 아이도 변하고 가정의 분위기도 변하게 된다.

아이는 부모의 삶을 대신하기 위해 태어난 것이 아니다. 부모는 자신의 삶과 아이의 삶을 혼동하지 말고 분리해서 생각해야 한다. 아이 일은 스스로 결정하고 현실에 맞게 기대치를 조절해주어야 한다. 부모의 아이에 대한 과도한 기대는 욕심이고, 아이에 대한 과도한 욕심은 불행한 결과를 가져오게 된다. 착한 아이라고 생각하는 것도 부모가 만든 허상이다.

부모가 원하는 대로 아이가 자라주기를 바라고 그렇게 성장시키려는 부모의 지나친 노력은 아이를 통해 부모의 삶을 실현하려는 욕구이고, 잘못된 잠재적 욕심이다. 아이는 부모의 소유물이 아니고 독립된 인격체라는 것을 분명히 인지하고 아이가 성공적인 삶을 살아가도록 부모는 도와주어야 한다.

부모의 지나친 열정에서 비롯되는 도움과 교육열은 아이를 수동적으로 만들게 된다. 수동적으로 된 아이는 공부에 흥미를 잃고, 어떤 일을 하든 동기를 잃게 된다. 아이는 독립된 인격체로서 대우와 존경을 받아야 하는데 수동적인 아이가 된다면 자기 삶을 스스로 결정할 수 있는 능력을 개발하지 못하게 된다. 수동적인 아이를 착한아이로 착각하는 부모 때문에 만들어진 허상인 것이다.

미국의 교육심리학자 바움린드(D. Baumrind)는 1970년대 초 부모의 자녀 양육 방식을 민주형, 허용형, 권위형으로 나눴다. '민주형'은 자녀의 의견과 자율성을 존중하는 양육 태도다. 자녀와 의견 대립이 있을 때 타협을 통해 해결책을 찾되, 부모가 양보할 수 없는 부분에 대해서는 일관되게 굳은 원칙을 제시한다. '허용형'은 매사를 자녀가 원하는 대로 하게 하고 자녀에게 전적인 자유를 준다. 그 때문에 허용형 가정에는 분명한 규칙이 없는 것처럼 보인다. 반면 '권위형'은 부모 자식 사이를 종적인 관계로 보고 매사 부모의 의사대로 결정한다. 부모 자식 관계는 일방적이어서 자녀는 좌절감을 느끼게 된다. 결론적으로 바움린드는 이 3가지 유형의 방식 중에 민주형이 가장 바람직하다고 주장했다.

"공부했니?"

"숙제했니?"

이런 말은 아이를 키울 때 내 안의 테두리에서 자주 했던 말이다. 공부를 잘 시켜 아이를 잘 교육하려는 욕심에 집에서는 공부와 숙제 생활계획 일정표를 만들고 학원으로 등을 떠밀며 다그쳤다. 백일장이나 상을 받는 대회에도 같이 참석하며 상장에 집착했다.

중간고사나 기말고사가 끝나면 시험지를 보고 오답 노트를 만들어 틀린 문제를 적게 하고 공부를 다시 시켰다. 친구와도 놀게 하지 못했던 딸아이는 온실 속의 화초처럼 내가 하라고 하는 대로 거의 나한테 길들어 갔다.

내가 만든 착한 아이의 상으로 큰아이를 키워서 초등학교 시절 동안 아이는 착한 아이로 성장하는 줄 알았다. 초등학교 6학년 정도가 되면서 아이는 내가 잘못 만들어 놓은 착각의 틀에서 허상임을 깨닫게 되었다. 아이에게 상상력과 창의력을 키워주며 자존감으로 아이의 있는 그대로의 모습으로 받아들이고 성장해야 하는데 욕심으로 가득 찬 일그러진 나의 모습을 아이가 거칠게 반항하면서 알게 되었다.

생텍쥐페리가 쓴 『어린 왕자』에 나오는 글이다.

"설령 고약한 이웃이 있더라도 그저 너는 더 좋은 이웃이 되려고 노력해야 하는 거야. 착한 아들을 원한다면 먼저 좋은 아빠가 되는 거고, 좋은 아빠를 원한다면 먼저 좋은 아들이 되어야겠지. 남편이나 아내, 상사 부하직원도 마찬가지야. 간단히 말해서 세상을 바꾸는 단 한 가지 방법은 바로 자신을 바꾸는 거야."

자녀가 성장하는 데 필요한 부모의 역할을 알아보면, 자신의 자녀에 대해 잘 알고 있는지 생각해보아야 한다. 부모는 자녀에게 무작정 공부하기를 강요하지 말고 자녀들의 고민이 무엇인지에 대해 자주 대화를 나눈다면 좋은 방향으로 건강하게 성장할 수 있게 된다. 자녀는 부모가 자신을 어떻게 대하는지를 보면서 자기가 어떤 사람인지를 판단한다.

엄마의 순수한 애정만으로도 자존감이 형성될 수 있다. 부모의 자녀에 대한 사랑은 자존감의 가장 필요한 조건이다. 부모와의 애착이 잘 형성되어 있으면 아이는 편안하게 받아들이기 때문에 자존감과 더불어 중요한 긍정적인 자아상과 세상에 대한 신뢰도 생겨난다.

자녀의 생활 습관을 잘 관리하고 있는지 생각해보아야 한다. 아이가 스스로 깨닫는 것과 그냥 내버려 두는 것은 차원이 다르다. 깨닫게 해주려면 부모가 세심하게 배려하는 노력이 필요하다. 아이가 강압적이라고 느끼지 않을 만큼의 적절하고 세심한 배려가 필요한 것이다. 자녀는 정성을 들이는 만큼 건강하게 성장한다.

05

아이의 감정을 돌보는 게 먼저다

아이들에게 진정으로 의미 있는 선물은
부모의 시간과 관심이다.

– 마크 트웨인, 미국의 작가 –

주디스 리치 해리스의 책 『양육가설』에서는 이야기한다.

"자녀는 또래집단을 선택하고, 그를 통해 사회화되며 자신의 삶을 만들어간다. 부모가 모르는 자녀의 세계가 자녀를 성장시킬 수 있게 된다. 부모가 자녀의 교우 관계에 개입할 수 있는 여지는 자녀가 성장할수록 줄어든다. 열 살 정도된 자녀가 친구들 간에 교감이 있다면 부모 눈 밖에서 몰래 어울리고 거짓말을 늘어놓을 것이다. 태도의 전염성은 부정적인 방향으로도 이루어진다. 좋은 태도와 마찬가지로 나쁜 태도 역시 아이들 사이에서 확산된다. 많은 부모는 자녀가 '못된 녀석들'과 어울리고 그 못된 녀석들이 자녀에게 나쁜 영향을 미치지는 않을지 염려한다. 실제로 자녀들은 또래집단에 영향을 받는 만큼 영향을 끼치기도 한다. 학교에 다닐 나이의 아이는 자신을 또래 아이들과 비교하고 또래 아이들이 자신을 어떻게 생각하는지를 의식한다. 부모가 자녀에게 긍정적인 자기 이미지를 갖게 함으로써 험난한 세상에 맞설 채비를 할 수 있다."

아이의 성취감을 키우게 하려면 작은 성공을 많이 맛보게 하는 것이 중요하다. 아이가 특별하게 생각하는 사람에게 칭찬을 받게 되면 아이의 마음에 내적으로 강한 동기 부여가 될 수 있다. 예를 들면 처음에는 과학 문제를 잘 풀어서 선생님에게 칭찬을 받게 되어 과학을 좋아하기 시작했다고 해도, 나중에는 스스로 문제를 풀게 되고 답을 맞혀가는 과정에서 성취감을 맛보기 위해 공부하는 아이가 된다.

성공을 경험한 아이는 자신이 스스로 해냈다는 성취감을 느끼게 되는데, 작은 성취감이 자라면서 내적으로 동기 부여가 되는 것이다. 부모의 역할은 아이가 중간에서 포기하지 않도록 격려와 용기를 북돋아주며, 성공할 수 있도록 가르쳐주는 것이다.

공부를 열심히 하는 아이들은 자존감이 강하며 감정 조절 능력이 뛰어나다. 그리고 동기가 건강하다. 스스로 자존감이 높아서 하고자 하는 의욕이 강하다. 자기가 해야 할 일, 하고 싶은 일, 하고 싶은데 지금 할 수 없는 일들을 조절할 줄 안다. 의욕적으로 열심히 공부하는 아이는 스스로 세운 내적인 동기로 의욕적으로 공부를 한다.

인성도 공부도 아이의 마음을 읽어주는 것부터 우선시되어야 한다. 부모들은 아이에게 좋은 공부 환경을 만들어주고 경제적으로 부족하지 않게 해주려고 한다. 또한 아이에게 필요한 많은 정보를 얻기 위해 노력한다. 그렇지만 더 중요한 부모의 역할은 '아이의 마음을 읽어주는 것'이다.

아이는 기분이 좋을 때 더 잘하게 된다. 아이는 칭찬을 받거나 스스로 동기가 생길 때 격려를 받게 되면 기분이 좋아진다. 칭찬은 아이가 잘할 때 보상해주는 것이다. 하지만 아이를 칭찬의 방식으로 양육을 하게 되면 아이가 성장함에 따라 새로운 칭찬 거리를 찾느라 부모는 난관에 부딪힐 수도 있다. 칭찬의 방식과는 다르게 격려는 보상을 해주지 않아도 되고 꼭 성공해야 한다는 약속이 없어도 되고 잘하지 않더라도 격려해줄 수 있다. 부모가 행동이나 말을 바꾸면 아이도 행동과 말을 바꾼다.

아이에게 격려하며 힘을 불어넣어주게 되는 경우는 부모가 일방적으로 원하는 것을 강요하는 것과는 차원이 다르다. 부모가 하는 이야기를 아이가 듣지 않는 것은 부모의 훈육을 거부하는 것일 경우가 많다. 많은 부모는 듣기보다 말하기를 많이 하고 아이는 점점 대화에서 멀어지게 되는 것이다. 부모가 아이의 이야기를 잘 들어주어야 아이 또한 경험을 통해 배워나가게 되고 부모의 이야기에 귀를 기울이게 된다.

부모 자신의 감정보다는 아이의 감정을 돌보는 게 먼저라는 것을 간과하면 안 된다. 입은 하나이고 귀는 둘이라는 것, 듣는 것이 말하는 것보다 중요하다. 듣는 것이 힘든 이유는 다른 사람들의 말을 들을 때 자신의 관점에서 이해하기 때문이다. 자신의 관점에서 이야기를 듣기 때문에 대화를 끊게 되는 경우가 많다.

상대방의 이야기 속에서 틀린 것을 바로잡으려고 하고 더 좋은 이야기가 생각난다고 얘기하기도 한다. 부모는 객관적이지 않은 자신감을 가지고 아이의 이야기를 들으며 부모의 생각으로 훈계를 한다. 최고의 훈육 방법이라는 생각으로 말하는 것이다.

아이와의 대화 즉, 듣기에서 중요한 것은 침묵이라고 한다. 아이가 부모와 대화를 하려고 하지 않는다면 아이를 다그치기보다는 부모가 아이 말을 들으려 하지 않는 것은 아닌지 깨달아야 한다.

제인 넬슨, 린로트의 저서 『긍정의 훈육』을 보면 청소년들이 부모에게 바라는 대화 방법이 소개되어 있다.

1. 설교하지 않기.

2. 짧게 말하고 부드럽게 말하기.

3. 어린아이 취급하지 않기.

4. 부모님 이야기만 하지 않고 들어주기.

5. 했던 말 반복해서 하지 않기.

6. 용기내어 잘못한 것을 말하더라도 화내거나 과하게 반응하지 않기.

7. 사생활에 대해 캐묻지 않기.

8. 부모가 부르기만 하면 다른 방에 있더라도 몇 초 안에 뛰어갈 거라고 기대하지 않기.

9. "네가 제때 하지 않아서 엄마가 대신했어."라고 말하며 죄책감 주지 않기.

10. 지키지 못할 약속을 하지 않기.

11. 형제자매, 또는 친구들과 비교하지 않기.

12. 내 친구들에게 내 이야기하지 않기.

『듣기력』의 저자 토마스 츠바이펠은 말한다.

"커뮤니케이션의 도구인 언어 교육은 말하기, 듣기, 쓰기, 읽기의 네 가지 영역이 기본인데, 듣기 교육은 거의 이루어지지 않는다는 점을 심각하게 지적했다고 한다. 남의 말을 경청하려는 사람보다 말 한마디라도 더 하려는 사람들이 많다는 것이다. 부모도 아이 말을 듣기보다 일방적으로 말을 하려 했던 부모는 아니었는지 뒤돌아봐야 할 필요성이 있다."

아이의 의견과 인격은 먼저 존중되어야 한다. 미국의 시인 랠프 에머슨은 "교육의 비결은 학생을 존경하는 데 있다."라고 말했다. 부모가 똑똑하고 유식해서 아이를 위해 현명한 판단을 내렸다고 해도 아이의 의견이 무시된 결정은 결과에 상관없이 잘못된 것이라고 한다. 아이의 감정을 돌보고 아이의 의견을 존중하며 새로운 것을 배울 수 있도록 도와주어야 한다.

『내 아이를 위한 사랑의 기술』을 쓴 존 가트먼 박사는 "감정 상담은 면역과 같다."라고 주장했다. 실제로 감정코칭은 아이의 육체 건강을 강화하고 학업 성취에도 영향을 미친다는 연구 결과가 있다.

06

엄마의 불안은 오래된 본능이다

상대를 믿고 또 믿어라. 서로 신뢰하는 수준이 충분히 높아지면
전에는 알지 못한 새롭고 놀랄 만한 능력을 발견하게 될 것이다.

– 데이비드 아르미스테드, 영국의 작가 –

그리스 신화에 등장하는 '프로크루스테스의 침대(Procrustean bed)' 이
야기를 보면 프로크루스테스는 그리스 신화에 나오는 인물로, 힘이 엄청
나게 센 거인이자 노상강도였다. 그는 아테네 교외의 언덕에 살면서 길
을 지나가는 나그네를 상대로 강도질을 일삼았다. 특히 그의 집에는 철
로 만든 침대가 있었는데, 프로크루스테스는 나그네를 붙잡아 자신의 침
대에 눕혀 놓고 나그네의 키가 침대보다 길면 그만큼 잘라내고, 나그네
의 키가 침대보다 짧으면 억지로 침대 길이에 맞추어 늘여서 죽였다고
한다.

그러나 그의 침대에는 침대의 길이를 조절하는 보이지 않는 장치가 있

어, 그 어떤 나그네도 침대의 길이에 딱 들어맞을 수 없었고 결국 모두 죽음을 맞을 수밖에 없었다. 이 끔찍한 이야기는, 인생의 중요한 선택이 상황에 의해 강요될 경우 우리가 처할 수 있는 난관을 상징한다.

엄마는 아이가 부모에게 순종하게 하려면 어떻게 해야 할지, "안 돼." 라는 말을 이해하게 하려면 어떻게 해야 할지, 십 대 아이를 '동기 부여' (부모가 최선이라고 믿는 것을 하게 함)하려면 어떻게 해야 할지 불안해한다. 십 대 아이를 키우면서 드는 불안은 어떤 엄마에게도 감당하기 쉽지 않은 감정이다.

아이가 하는 실수는 언제 일어날지 모르기 때문에 미리 대비하거나 계획을 세울 수는 없지만, 아이가 실수를 통해서 뭔가 배우는 것은 가능한 일이다. 아이가 실수하는데 "괜찮아, 너는 할 수 있어."라고 말하면서 태도와 마음을 유지하는 것도 엄마는 어렵다.

불안한 마음이 들고 혼란이 올 때도 있지만 십 대 아이가 실수에서 배울 수 있도록, 벌을 주거나 때리는 대신 지지하고 격려하는 것이다. 실수는 배움의 기회가 된다는 것을 가르치는 가장 좋은 방법은 부모가 스스로 배움의 원칙을 실천하는 것이다.

제인 넬슨, 린로트의 저서 『긍정의 훈육』에서 '실수를 만회하기 위한 4R'는 당신이 다른 사람들에게 실수를 저질렀을 때 도움이 되는 내용을 소개한다.

1. 인식한다 : 당신이 실수했다는 것을 알아차리는 것이다. 스스로를 실패자로 보거나 비난하고 수치심을 갖는 것이 아니라, 그저 비효율적으로 그 일을 했다는 사실을 깨닫는 것이다.

2. 책임진다 : 어떤 실수를 했는지(반항하게 만들었거나 상처를 주었을 수 있다)를 보고 그에 대해 기꺼이 뭔가를 하겠다는 것을 의미한다.

3. 화해한다 : 자녀에게 무례하게 대하거나 다치게 했다면 미안하다고 말하는 것을 의미한다. 당신이 사과하는 즉시 아이들이 "괜찮아요."라고 말할 것이다. 아이들은 매우 관대하다.

4. 해결한다 : 당신과 자녀 모두에게 만족스러운 해결책을 제시하는 것을 의미한다. 일단 실수를 알아차리고 책임지고 사과를 하면, 문제를 해결하는 데 도움이 되는 분위기를 만들 수 있다.

부모들은 과도한 경쟁과 중압감이 아이를 강하게 만들 거라고 믿기도 하지만, 한편으로는 현재의 부모들은 다른 아이들과 비교할 경우, 아이에게 실망감, 열등감, 불안감을 심어주게 될까 봐 두려워했다.

'아이에게 즐거움을 제공해 줄 수 있는가?' 하는 부모의 능력이 아이가 부모를 판단하는 잣대가 되었다. 이는 부모 간에 비교하고 판단하는 기준이 되기도 한다. 부모 스스로 아이를 즐겁게 해줘야 한다는 책임을 더 많이 떠안게 되었다. 부모 스스로 아이의 삶을 너무 엄격하게 통제하고 관리한다는 죄책감 때문에 아이를 즐겁게 해줘야 한다는 책임감을 많이 느낀다.

나연이는 유년 시절 굉장히 활동적이었다. 호기심이 많은 나연이는 어디든지 기어오르는 것을 좋아해서 모든 식구가 걱정이었다.

유치원에서 하원한 뒤 피아노학원으로 등원시킨 후 학원 수업 마칠 때가 되어 친정엄마께서 나연이를 데리러 입구에 들어서는 순간 깜짝 놀랐다고 하신다. 나연이가 피아노 꼭대기로 기어 올라가고 있고 선생님은 없었다고 한다. 친정 엄마는 나연이를 끌어내리면서 야단을 쳤다고 하신다.

장을 보러 마트에 가서 나연이를 카트 의자에 앉혀놓으면 기어 나오려고 했다. 아기 때에는 유모차에 태워 산책을 하려고 하면 앉아 있으려고 하지 않고 내려오려고 했다. 가만히 있으려고 하지 않고 끊임없이 자리에서 벗어나려고 해서 나연이에게 눈을 뗄 수가 없었다. 아이와 엄마를 연결하는 미아 방지 끈이 있다고 해서 구매를 한 뒤 나연이를 데리고 다녔다. 은행 ATM 창구에서 나연이가 없어져 깜짝 놀란 적이 있었고 지방여행 갔을 때 휴게소에서 나연이가 없어져서 경찰에 신고할 뻔한 적도 있다.

아이에 대한 불안 때문에 늘 좌불안석이었다. 나의 불안감 때문에 아이가 주의력결핍 과잉행동장애(ADHD)가 아닌가 하는 의심병이 생겼다. 둘째 시누이도 나연이와 동갑인 남자아이를 두고 있었다.

그 아이도 마찬가지로 한시도 눈을 뗄 수가 없다고 나에게 고충을 털어놓았다. 미아방지 끈도 시누이가 알려줘서 구매했던 나였다. 둘은 마음이 통했는지 두 아이를 주의력결핍 과잉행동장애(ADHD)로 의심하고 병원을 예약한 후에 한 사람씩 의사에게 상담을 받았다. 결과는 시누이와 내가 빚어낸 불안감이었다. 지극히 정상적인 아이들을 데리고 가서 상담을 받았던 시절을 생각하면 부끄럽다. 의사에게 핀잔을 듣고 웃지 못할 우발사건으로 끝났다.

정상적이었던 아이를 정상적으로 바라보지 못하고 활동량이 많은 아이를 주의력결핍 과잉행동장애로 의심했던 왕초보 엄마 시절이었다. 나연이를 겪고 나서 둘째 좌윤이를 키울 때에는 불안감이 덜해지고 정상적으로 바라보게 된 성장한 엄마가 되었다.

　나의 아이에 대한 실수는 거기서 멈추지 않았고 급기야 집안에서도 사건이 발생했다. 좌윤이가 어렸을 때 욕실에서 씻기려고 아이 몸에 비누칠을 해주고 뒤돌아선 순간 좌윤이가 욕조 안에서 미끄러져 욕조 모서리에 부딪히면서 턱이 찢어져 피가 났는데 출혈이 멈추지 않아 턱을 잡고 병원 응급실로 데리고 갔다.

　좌윤이를 마취하고 급하게 서둘러 지혈을 시킨 뒤에 의사가 바로 턱을 꿰매주었다. 찢어진 부위가 넓어서 마취시킨 아이를 보는 동안 미안해서 계속 울기만 했다. 턱 아랫 부분이어서 정면으로 볼 때는 보이지 않지만, 턱을 자세히 들여다보면 꿰맨 자국이 보여 지금도 미안하기만 하다. 내가 욕조 안에서 좌윤이를 놓지 않고 붙잡고 있었더라면 하는 마음에 후회가 가득하다.

07

엄마의 불안이 아이의 불안이 된다

아이들을 위한 첫 번째 의무는
그들을 행복하게 만들어주는 것이다.

- 버크민스터 풀러, 미국의 건축가 -

습관을 바꾸려면 오랜 시간이 필요하다. 아이의 편이 되겠다고 결심해도 중간에 오랜 두려움에 기반을 둔 과거의 습관으로 되돌아가는 자신을 발견하게 될 수도 있다. 엄마 자신이 중요한 사람이라는 것을 간과하면 안 된다. 아이가 자라서 부모품을 떠날 때까지 자기 자신의 필요나 삶은 포기해야 한다고 생각하는 사람들도 있다. 아이는 부모의 희생을 당연하게 생각하고 세상이 아이 중심으로 맞춰진다고 생각하게 된다. 엄마는 불안해하지 말고 스스로 존중하고 자신의 필요와 요구를 통해 엄마의 삶이 있다는 것을 아이에게 보여주어야 한다.

엄마가 아이에 대해 불안해하고 겁먹고 걱정하던 때를 생각해보자. 엄마가 아이를 얼마나 사랑하고 걱정하는지에 대해서 느끼게 하기보다는 불안감을 가지고 잔소리하고 꾸짖고 야단을 쳤던 기억이 있을 것이다. 아이의 잘못된 걸 고쳐주려고 하기보다는 먼저 아이의 마음에 다가가려고 노력해야 한다. 아이는 엄마를 화나게 하는 것을 원하지 않는다.

엄마가 침착하게 느끼는 것을 이야기하게 되면 바로 알아듣는 것처럼 보이지 않더라도 결국 아이는 엄마의 이야기에 귀를 기울이게 된다. 시간이 가면 아이 쪽에서 다정하고 친절한 행동을 보여주게 된다. 엄마와 마음이 통하게 되면 아이는 자기 스스로 고쳐 나가게 된다.

엄마의 불안과 두려움을 아이에 대한 사랑으로 양육 방식을 바꾸는 데는 시간이 걸린다. 아이와 사랑의 기초를 탄탄하게 다진다면 더 많이 이야기하고 감정을 나누고 존중하게 된다. 엄마는 아이를 어떻게 교육하는 것이 제일 나은 방법인지 알지 못한 채 자기 생각과 판단이 옳을 거라는 착각 속에서 아이의 생각과 행동을 간섭하며 통제하려고 한다. 아이를 대신해 부모가 상황을 파악하고 판단을 내린 후에 아이를 부모가 정한 길로만 인도하면 안 된다.

"우둔한 어부는 아이들에게 물고기를 잡아다 먹이지만 현명한 어부는 물고기 잡는 법을 가르친다."라는 속담이 있다. 유아 교육자 몬테소리는 "아이가 자기 스스로 할 수 있다고 생각하는 것은 절대로 도와주지 말라."라고 했다.

아이를 야단치면서 엄마 스스로 자신의 감정을 주체하지 못해 격한 욕설을 내뱉거나 과도하게 화를 내서 아이에게 불안감을 주는 경우가 있다. 엄마의 말을 통해 존중과 사랑을 받고 있다고 느끼면서 자존감과 안정감을 느껴야 하는데 엄마의 말로 인해 불안감과 수치심을 느끼게 된다.

생텍쥐페리가 쓴 『어린 왕자』를 보면 이런 내용이 나온다.

"너 누구지? 참 예쁘구나." 어린 왕자가 말했다.

"난 여우야."

"이리 와서 나하고 놀자." 하고 어린 왕자가 청했다.

"난 지금 너무 슬프단다……."

"난 너하고 놀 수가 없어." 여우가 말했다.

"난 길들여지지 않았거든."

"아, 그래? 미안해." 어린 왕자가 말했다.

그러나 잠시 생각해보다가 그가 다시 말했다.

"'길들인다'는 게 뭐지?"

"넌 여기 사는 애가 아니구나. 넌 뭘 찾고 있는 거니?" 여우가 말했다.

"난 사람들을 찾고 있어." 어린 왕자가 말했다.

"'길들인다'는 게 뭐지?"

"사람들은 말이야." 하고 여우가 말했다.

"총을 가지고 사냥을 하지. 그건 정말 곤란한 일이야. 사람들은 또 닭
도 기르지. 그들이 관심 있는 건 그것뿐이야. 너도 닭을 찾고 있는 거
지?"

"아니 난 친구들을 찾고 있어. '길들인다'는 게 뭐지?"

"그건 사람들이 너무나 잊고 있는 건데…… 그건 '관계를 맺는다'는 뜻이야." 여우가 말했다.

"관계를 맺는다고?"

"물론이지." 여우가 말했다.

"넌 나에게 아직은 수없이 많은 다른 어린아이들과 조금도 다를 바 없는 한 아이에 지나지 않아. 그래서 나는 널 별로 필요로 하지 않아. 너 역시 날 필요로 하지 않고. 나도 너에게는 수없이 많은 다른 여우들과 조금도 다를 바 없는 한 마리 여우에 지나지 않지. 하지만 네가 나를 길들인다면 우리는 서로를 필요로 하게 되는 거야. 너는 내게 이 세상에서 하나밖에 없는 존재가 되는 거야. 난 네게 이 세상에서 하나밖에 없는 존재가 될 거고……."

아이를 하나밖에 없는 존재로 길들인다는 표현이 맞는지 모르겠지만 육아의 맥락에서 보면 아이의 기질과 특성에 맞게 키우는 것이 육아의 방향성이다. 어린 왕자에서 나오는 여우의 말처럼 모든 인간관계에서 서로를 필요로 하게 된다는 것은 서로 길들여지게 된다는 맥락이다.

좌윤이는 어려서 차를 굉장히 좋아했다. 굴러가는 바퀴를 좋아했던 것인지 차를 좋아했던 것인지 헷갈릴 정도로 바퀴에 집착했다. 장난감 자동차는 기본이고 마트에서 끄는 카트나 여행용 가방, 바퀴 달린 수레는 무조건 좌윤이가 끌고 다녀야 직성이 풀리는 것 같았다. 사람들은 이상한 시선으로 바라봤다. 아이를 혹사하는 것처럼 비쳤던 것 같다.

아무리 설명을 해줘도 좌윤이는 막무가내로 가방을 끌겠다고 했고 카트를 끌겠다고 했다. 마트에서는 위험하다고 근무하는 아저씨가 무섭게 얘기했더니 겁을 먹고 고집을 피우지 않았다. 그렇지만 여행용 가방은 공항에서 신나게 끌고 다녔다. 어느 정도 좌윤이기가 크고 본인이 깨닫는 시기가 되니 가방 끄는 것을 멈추었다. 불안해했었는데 불안할 일이 아니었다.

08

아이의 기질을 이해하고 받아들여라

정직은 지혜라는
책의 첫 장이다.

- 토머스 제퍼슨, 미국의 제3대 대통령 -

아이의 기질은 타고난다. 기질은 부모에게서 물려받는 것이다. 사람의 성격은 타고난 기질에 환경의 영향을 받아 만들어진다고 한다. 부모는 성장하면서 다양한 사람을 만나고 학교, 회사, 사회 등에서 많은 환경 변화를 겪었다. 기질은 고정되어 있지만, 환경에 따라 사람의 성격은 변하는 것이다. 아이의 타고난 기질도 무시할 수 없지만 주 양육자의 태도가 매우 중요하다. 까다로운 성격의 엄마라면 자신의 양육 태도가 덜 예민해지도록 노력해야 할 부분이다.

공자는 『논어』의 「옹야편」에서 "알기만 하는 사람은 좋아하는 사람만 못하고, 좋아하는 사람은 즐기는 사람만 못하다."라는 말을 남겼다.

진정한 성공을 위해서는 자신이 하는 일을 좋아하고 즐겨야 한다는 뜻이다.

내 아이가 당당하고 꿋꿋하게 설 수 있게 하려면 엄마는 답답하고 힘이 들어도 아이가 극복하고 스스로 해결해가는 과정을 묵묵히 지켜봐주어야 한다. 아이의 자존감을 세워주고 꿈을 찾도록 도와주는 것은 부모의 과제다. 자존감이란, 자기 자신의 가치를 정확히 알고 소중히 여기는 긍정적인 태도와 자기 자신과 타인에 대한 믿음을 말한다.

아이가 자존감이 높다는 것은 시련을 만나더라도 흔들리지 않고 이겨낼 수 있도록 버텨주는 강인함이 마음 한가운데 중심을 잡고 서 있다는 것을 의미한다. 부모는 아이에게 흔들리지 않는 자존감을 소중한 선물로 심어주어야 한다. 아이의 기질과 성향에 따라 아이가 어떠한 결정을 내려도 아이의 결정을 믿고 격려해주어야 한다. 부모가 아이의 자존감을 세워주기 위해 할 일은 아이를 부모 자신의 소유물이 아닌 하나의 인격체로 보도록 노력해야 한다는 것이다.

아이를 흔들리지 않고 단단하게 키우는 방법은 아이가 서툴더라도 스스로 해결해 낼 때까지 기다려주는 엄마의 인내심, 즉 아이가 작은 도전을 스스로 성취하고 해결해냈을 때까지 기다려주는 인내심이 필요하다.

아이는 스스로 성공해낸 후에 이어지는 격려와 인정을 엄마에게 받고 싶어한다. 칭찬으로 행동에서 '쾌락'을 느끼게 된 아이는 도파민의 작용으로 무엇인가를 하고 싶은 동기와 의욕을 느껴 '몰입' 할 수 있는 의지가 생기게 된다.

자녀의 성장에 절대적인 영향을 주는 부모 존재의 역할에 대해서 들여다보면 〈뉴욕타임즈〉에 "부모는 자녀가 스스로에 대한 이미지를 형성하는데 가장 크고 중요한 역할을 담당한다."라고 말한다.

부모는 칭찬과 신체적인 애정 표현을 통해 자녀가 긍정적인 자아상을 갖게 해야 한다고 요구받는다.

아이를 키우는 건 어려운 일이다. 좋은 날도 있고 좋지 않은 날도 있다. 아이의 기질에 대해 이해하고 스트레스가 행동에 미치는 영향에 대해서 이해하면 감정이 힘든 지점을 예측할 수 있게 된다. 아이와의 관계 유지에는 노력이 필요하다.

부모의 역할에 대해서 미네소타 대학 루스 토머스 박사와 베티 쿡크 박사의 연구 결과를 보면 감정코치라 불리는 부모는 다음과 같은 특징이 있다.

1. 민감하다 : 아이가 보내는 신호를 잘 감지하고 아이의 감정이 어떤지 잘 알아차린다. 이들은 이야기를 들어주고 공감을 보인다.

2. 반응한다 : 아이의 신호에 적합한 방식으로 반응한다. 아이가 놀랐다면 편안하게 해주고, 긴장했다면 일단 진정시킨다. 하지만 버릇없는 행동은 용납하지 않는다. 한계가 명확하고 단호하다.

3. 관계 지향적이다 : 모든 관계는 주고받는 가운데 이루어진다. 아이의 감정을 존중하고 아이에게 다른 사람의 감정을 사려 깊게 배려하라고 가르친다.

4. 지지하고 격려한다 : 감정을 조절하는 방법을 배우는 데 많은 시간과 노력이 필요하다는 사실을 잘 아는 만큼 아이가 이를 연습할 때 지지하고 격려해 준다.

위의 행동들은 아이의 발달을 촉진하고 자존감을 강화하며 무엇보다 건강한 관계를 구축한다고 한다.

아이의 기질을 이해하고 건강한 관계를 구축하기 위해서는 아이를 무시하는 대신 아이가 하는 말을 귀 기울여 잘 들어줘서 유대감을 형성해야 한다. 아이의 감정을 무시하지 말고 인정해주면 다른 사람을 배려하는 방법을 배우게 된다. 기질은 타고나는 것이다.

아이와의 기 싸움은 감정의 원천이 되는 경우가 많다. 완고한 기질을 타고난 아이는 영아 때부터 자신의 목표에 매우 헌신적이라고 한다. 기질을 이해한다는 것은 아이의 처지를 이해하는 것이다. 아이의 기질을 이해함으로써 부모와 아이가 경험하는 감정을 제대로 이해할 수 있게 된다. 부모는 아이와 함께 있을 때 좌절감을 줄이고 즐거움을 최대화할 수 있다.

아이를 칭찬할 때 필요한 좋은 칭찬 방법은 아래와 같다.

첫째, 재능보다는 노력을 칭찬해야 한다. 사람들은 '머리가 좋다'라거나 '재주가 뛰어나다'라는 칭찬을 받으면 다른 사람을 실망하게 하면 안되겠다는 생각에 불안해한다. 다음에 잘못하면 '실제 재능은 보잘것없다는 게 탄로 나는 것 아닌가' 걱정하게 되기 때문이다. 재능을 칭찬하면 노력하지 않는 사람을 만들 수 있다. 노력하지 않았다면 결과가 좋아도 칭찬을 아낄 필요가 있고, 노력을 많이 했으면 결과가 기대에 못 미쳐도 '최선을 다하는 모습에 깊은 인상을 받았다'라고 격려해야 한다.

둘째, 칭찬은 모름지기 '사람'에게 해야 한다. 흔히 "일이 잘 풀렸다", "프로젝트가 잘 마무리돼서 기쁘다", "성적이 정말 잘 나왔네?"라고 칭찬한다. 여기서 칭찬의 주인공은 '일', '프로젝트', '성적'입니다. 칭찬할 때는 반드시 대상을 구체적으로 말해야 한다. 예로 든 문장 앞에 '네가 열심히 해서~'를 붙여주면 칭찬받는 사람이 '나를 칭찬하는구나!' 하고 확실히 알 수 있게 된다.

셋째, '다른 사람의 입을 빌려 하는 간접 칭찬'이 더 효과적이다. 필자가 예전에 군에 복무할 때 참으로 인상 깊은 칭찬을 하는 지휘관을 본 적이 있다. 그는 한 부하를 칭찬하면서 이렇게 말했다. "자네가 근면 성실하고 치밀하다는 말을 자네 직속 상관에게 자주 들었는데 오늘 보니 그 말이 사실이네. 수고 많았어." 그 부하는 앞에 있는 지휘관에게는 '성과'를, 자신의 직속 상관에게는 '노력'을 인정받은 셈이 된다. 간접 칭찬은 두 사람에게 동시에 칭찬받는 효과가 있고, 제삼자의 말을 인용했기 때문에 인사치레가 아닌 진짜 칭찬이라는 신뢰도 생긴다.

– "김경일의 심리학 한 토막 : 좋은 칭찬이란" 〈조선일보〉, 2019.11.20.

2 장

어린이 책을 읽으면 아이 마음이 보인다

01

조급한 엄마가 아이를 책에서 멀어지게 한다

아이에 대한 부모의 사랑은 하늘에서 내리는 비처럼 자연스러운 것이지만
아이를 기르는 기술은 배워야 할 필요가 있다.

– 윌리엄 래습베리 –

책에 대한 흥미와 습관은 아이 스스로 책을 읽을 수 있는 집안 환경에 따라 형성되지 엄마가 강요한다고 해서 만들어지지 않는다. 자발적인 동기에 따른 책 읽기는 보람과 흥미를 주지만, 엄마의 강요에 의한 책 읽기는 고된 노동이 되는 것이다. 아이가 스스로 책을 찾아 읽는 습관은 가정에서 부모가 함께 책을 읽는 모습에서 자연스럽게 만들어나갈 때 가장 효과적으로 형성된다.

독서 습관은 부모가 길러줘야 한다. 아이가 읽을 책은 자신이 알맞게 선택할 수 있도록 조언해주거나 도서 정보를 제공해주면 좋다. 그렇지만 엄마의 욕심으로 아이에게 과도한 책 읽기나 어려운 내용의 책 읽기를

강요하면 독서에 흥미를 잃고 책에서 멀어지게 된다.

엄마가 되어서 아이 교육을 시작할 때 가장 많이 하는 말이 있다.

"공부 안 하고 뭐하니?"
"공부 좀 해라."
"책 좀 많이 읽어라."

내일이 당장 시험인데 아이가 책을 읽고 있으면 딴짓하는 것처럼 보여 불안감에 휩싸이기도 한다. 공부와 책 읽기를 별개의 존재로 분리하는 시작점이 되는 것이다.

뉴질랜드 오클랜드 대학 브라이언 교수는 그의 저서 『이야기의 기원』에서 인간이 왜 이야기에 빠지는지에 대해 설명한다. 보이드는 예술이 인간의 문명화 과정에서 나온 '잉여'가 아니라고 말한다. 문화는 인간 행동의 결과가 아니라, 유전적 본능에서 만들어진 것이라는 것이다. 그리고 예술적 본능은 진화 과정에서 형성된 유전인자에 가깝다는 것이다. 특히 그는 '스토리텔링 본능'은 인류 초창기부터 인류의 진화 발달을 도운 소중한 욕망이라고 설명한다. 인간은 이야기의 힘을 통해 생존을 확인한다고 한다.

엄마가 아이가 독서할 때 신경 써야 할 부분은 무엇을 얼마나 읽느냐가 아니라 양질의 독서를 하고 있는가를 확인하는 것이다. 우리 아이가 능동적이고 자발적으로 책을 읽어야 책에서 멀어지지 않는다. 학교에서 독서는 과제로 내주고 있다. 책을 읽고 독서록 쓰기가 숙제인 것이다. 아이가 읽기 싫거나 읽고 싶은 의지가 없는데 억지로 책을 읽고 독서록을 써야 한다. 억지로 하는 책 읽기와 독서록 쓰기 때문에 아이는 점점 책에서 멀어지려고 하는 것이다. 아이 책 읽기에 있어서 엄마는 조급해하지 말고 엄마가 먼저 책 읽는 모습을 보여주어야 할 것이다. 나 역시도 아이 앞에서 텔레비전 시청을 지양하고 먼저 책 읽는 모습을 보여주었다.

슬로리딩으로 명성을 얻은 하시모토 다케시는 『은수저』라는 작품을 3년간에 걸쳐 숙독하도록 해 일본 교육계에 센세이션을 일으켰다고 한다. 핀란드 가정을 들여다보면 장서 수가 그리 많지 않다고 한다. 몇 권의 소중한 책을 여러 번 반복해서 읽는 것이 중요한 독서법이고 바른 독서법이라고 한다. 지나치게 많은 독서보다는 한 권의 책을 반복해서 읽는 것이 더 좋다고 한다.

꾸준한 독서는 아이의 뇌를 긍정적으로 변화시킨다고 보고되어 있다. 머리가 좋다는 것은 뇌의 정보처리 속도가 빠르다는 것이다. 정보처리 속도를 높이고자 한다면 뇌의 신경세포 회로가 치밀해져야 하는데 이를 뇌과학에서는 '수초화 현상' 혹은 '미엘린화'라고 부른다.

독서에 필요한 뇌의 통합 작용을 담당하는 주요 부위들은 7세가 지나야 미엘린화된다. 뇌의 신경섬유는 미엘린이라는 지방 성분에 의해 둘러싸여 있다고 한다. 이 미엘린화는 꾸준히 반복하는 학습과 연습에 의해서 이루어지는데, 한 번 형성된 미엘린은 잘 파괴되지 않는다고 한다. 독서는 미엘린화를 돕는 가장 뛰어난 자극 가운데 하나라고 한다.

성공한 사람일수록 책 읽기를 좋아하는 경우가 많다. 빌 게이츠 역시 "지금의 나를 있게 한 것은 바로 우리 동네 도서관이었다."라고 고백할 정도로 독서광이었다. 지금도 하루 중에 책 읽는 시간은 꼭 정해놓고 독서를 즐긴다고 한다. 개인 도서관을 소유하고 있기도 한 그는 16세 때 이미 사업에 관한 책을 수백 권 독파하였고 회사 경영의 근간을 책을 통해 얻는다고 한다.

조선 시대 학자 이덕무는 세 명의 벗이 있었는데 조선 시대 후기 실학자들로 박제가, 유득공, 이서구이다. 『연하일기』로 유명한 문장가 박지원은 친구보다는 스승에 가까운 인연으로 지냈다. 이덕무의 독서법은 '몰입'이라는 단어와 어울린다. 서자로 태어난 그는 신분상의 한계로 벼슬길에 오르지 못한다.

그러나 평소 책 읽는 일에 심취하여 시간 가는 줄 모르고 글만 보았기 때문에 주변에 있는 사람들이 안타까워했다. 끼니 거르는 일이 예사일 만큼 가난한 살림이었지만 아무리 형편이 어려워도 책을 내다 팔 생각은 하지 않았다. 그는 책을 읽다가 이해가 안 되는 구절이 나오면 이해가 될 때까지 반복해 읽고, 그래도 안 되면 산책을 하다가 와서 읽고, 그래도 안 되면 여러 날에 걸쳐 오랜 시간 숙고하였다. 그 과정을 힘들어하지 않고 진심으로 즐기며 행복하고 긍정적인 마음으로 해내었다는 것이다. 이덕무는 책 읽기와 글 쓰는 일을 진심으로 즐겼다고 한다.

이덕무처럼 책을 읽는 것에 대하여 어떠한 일을 이루기 위한 수단으로 보는 독서가 아니라 그 자체를 목적으로 바라보는 시각으로 바라볼 때 좋은 독서가 이루어지는 것이다. 내 아이에게 좋은 대학, 좋은 직장을 얻기 위한 수단으로 독서를 인식시키고 강요한다면 이덕무처럼 읽고 즐기는 것은 불가능할 것이다.

나연이를 키울 때 유치원 엄마들을 만나서 얘기를 듣다 보면 유치원 활동에서부터 학습지, 아이가 읽는 책, 학원까지 엄마들의 입소문에 따라 내 생각이 움직였던 것 같다. 불안감이 조금씩 자라기 시작하고 옆집 아이 그리고 친구들이나 다른 집 아이와도 비교하기 시작했다. 조급한 마음을 감추지 못하고 전전긍긍해 하면서 아이의 책을 고를 때에도 아이의 의견을 귀 기울여 듣기보다는 전집 위주로 구입하거나 문학상 수상작이나 아동도서 수상작 중심으로 책을 골랐던 것 같다. 더 좋은 양질의 책을 읽히겠다는 욕심도 앞섰다.

다산 정약용 선생은 『다산문선』이라는 책에서 자식들에게 보내는 편지를 통해 "책을 아무리 많이 읽어도 이해하지 못한다면 그것은 독서를 한 것이 아니다."라고 강조했다.

눈으로만 보고 끝나는 것은 진정한 책 읽기라고 할 수 없다고 한다. 엄마들은 아이의 눈이 책에 가 있으면 당연히 책을 제대로 읽고 있겠다고 착각할 수도 있다. 눈은 책에 머물러 있지만, 머릿속에서는 다른 생각을 하고 있다면 오랜 시간 책을 보고 있어도 제대로 이해하고 있는 것이 아니다.

02

우리 아이 책 읽기, 이대로 괜찮을까

인생에 즐거운 일만 일어난다면
결코 용감해질 수 없다.

– 메리 타일러 무어 –

독서는 아이가 스스로 읽고 싶어 하는 것에서부터 출발점이 되어야 한다. 스스로 읽고 싶어 하는 책 읽기가 되어야 독서에 대한 흥미를 키워나가게 된다. 아이가 읽을 책을 선택할 때는 책의 내용이 아이의 흥미와 성격에 맞는지 조율해주어야 한다.

나연이가 어렸을 때 책을 읽히려는 나의 욕심으로 한국헤르만헤세 세계명작 전집과 한국문학 전집을 출판사 직원을 통해 구입했다. 책을 한꺼번에 구입하려니 경제적인 상황을 고려하지 않을 수 없었다. 부족한 돈은 집안에 있는 금을 팔아서 해결했다.

책장에 진열된 책을 보면서 흐뭇했다. 책이 있는 환경으로 만들어주기 위하여 부단히도 애쓰던 시절이었다. 나연이가 자연스럽게 책에 둘러싸여 있으면 좌윤이도 책을 읽을 것이라는 생각에 가슴이 벅찼었다.

책을 좋아하지 않았던 나연이가 전집을 보더니 하나씩 보고 싶은 책을 꺼내 들었다. 순서대로 읽지 않아도 상관은 없었다. 아이에게 책 읽기를 강요하기보다는 자연스럽게 책을 주변에 두어서 꺼내 읽게끔 만들었다. 읽을 책을 나연이가 고를 때에도 아이의 선택을 존중해주었다. 책을 읽고 나면 반드시 칭찬하고 격려해주었다.

나연이 방에도 책을 수시로 꺼내어 읽을 수 있게끔 많은 책을 비치해주었고 독후 활동을 하게끔 독서록을 작성하게 했다. 나연이의 본격적인 책 입문은 영국의 작가 J.K 롤링의 '해리포터' 시리즈였다.

인간에게 마법사의 세계는 비밀이다. 그러나 마법사의 세계는 인간 세계와 함께 맞물려 있는 부분과 인간의 세계가 감지하지 못하는 다른 차원에 존재하는 부분으로 구성되어 있다. 마법사 세계에서는 어둠의 마왕 볼드모트가 사라져 큰 축제가 벌어진다. 그리고 볼드모트의 공격을 받고 살아남은 아이 ― 그래서 마법사 사회에서는 볼드모트를 무찌른 그 아이가 전설적 영웅 인물 취급을 받는다. ― 해리포터는 볼드모트에 의해 부모를 모두 잃은 뒤 마법사를 싫어하는 머글인 이모의 집에 맡겨진다. 이후 해리는 친척들 아래에서 거의 학대당하다시피 자라던 중 11세 생일이 되고, 마법 학교 호그와트의 입학 통지를 받게 된다. 그리고 자신을 데리러 왔다고 하는 거인 해그리드와 함께 마법의 세계로 가게 된다. 이후 해리포터는 엄청난 위험과도 마주하게 된다는 줄거리의 내용이다.

나연이는 엄청난 속도로 책에 대한 흥미를 붙여나갔다. 판타지 장르라서 마음에 걸리는 부분도 있었지만, 책에 흥미를 가지고 책을 대하는 것에 안도했다. '해리포터' 시리즈를 다 읽고 나서도 여러 번 반복해서 읽었다. 이후에 스테파니 메이어의 작품 '트와일라잇' 시리즈(『트와일라잇』 + 『뉴문』 + 『이클립스』 + 『브레이킹 던』)을 사주었다. 처음에는 책을 사달라는 요청에 좋아서 사주었는데 뱀파이어를 다룬 사랑 이야기라서 아이에게 유익한 것 같지 않아서 후회했다.

나연이와 트와일라잇 책에 관한 대화를 나누었다. 나연이가 성장한 다음에 읽으면 어떻겠냐고 제안했더니 아이는 포기 못 한다고 했다. 책을 읽는 게 좋아서 사주기는 했는데 학교 공부는 멀리하고 책만 읽는 아이의 모습을 보면서 못 읽게 하는 게 맞는 것인지 읽게 하는 게 맞는 것인지 고민에 빠졌다.

책을 안 읽어서 조급해했었는데 이제는 장르 불문하고 판타지에 빠져든 것 같아서 새로운 고민이 생긴 것이었다. 판타지를 읽는 동시에 학습 만화책 『마법 천자문』도 읽기 시작했다. 한자를 익힐 수 있는 내용이 들어가서 안심은 했는데 역시 만화책이라서 걱정이 시작되었다. 읽히지 않는 것이 맞는 것인지 읽게 하는 게 맞는 것인지.

엄마의 관점에서 책을 읽는 게 좋기도 하지만 학습만화는 망설여지게 되는 부분이었다.

미국 캔자스대학의 릭 스나이더 교수는 희망이론의 창시자로 유명하다. 그는 아동이 희망적인 이야기를 어떻게 내면화하느냐에 따라 위기 상황이나 심리적 곤경에서 더 효과적인 인지 전략을 펼칠 수 있다고 말한다. 즉 희망을 구현해내는 구체적인 방법과 스토리를 마음속에 잘 새긴 아이들은 어려운 상황에서 더 희망적인 자기 암시와 유연한 해결 전략을 펼칠 수 있다는 것이다.

박찬욱은 영화 〈올드보이〉로 2004년 칸 영화제에서 2등 상에 해당하는 심사위원대상을 받으며 세계적으로 주목받는 영화감독이 되었다. 그는 연출뿐 아니라 시나리오를 직접 쓰는 감독으로도 유명하다. 감독 자신이 직접 시나리오를 쓰기 때문에 더욱 짜임새 있고 탄탄한 구성이 돋

보이는 멋진 영화를 연출할 수 있다고 한다. 후배들이 어떻게 해야 시나리오를 그렇게 잘 쓸 수 있냐고 질문을 해올 때면 그는 한결같이 이런 대답을 한다.

"무조건 써라. 한 편의 시나리오를 완성해보아라. 끝까지 써서 완결된 작품을 만들어보아라. 계속 쓰다 보면 어떻게 써야 하는지 알게 될 것이다."

아이에게 글을 쓴다는 것은 고도의 사고 과정을 요구하는 창작 과정이다. 읽은 책을 바탕으로 독후감이라는 새로운 창작 활동을 해야 하므로 절대 쉽지 않은 일이다. 그렇지만 아이가 힘든 과정을 견디고 꾸준히 연습하고 쓰는 것에 익숙해지게 되면 글쓰기가 한결 수월해질 것이다.

아이가 읽는 책의 수준도 중요하다. 내 아이가 읽은 책이 스스로 골랐든 엄마가 골랐든지 간에 책의 수준이 아이의 수준이라고 말하기는 힘들다. 아이마다 독서는 장르별로 이해력이 다르다. 학년별 독서목록이 지정되어 있어도 학년에서 읽어야 할 책이 바르다고 하더라도 내 아이에게 꼭 적용되는 것은 아니다.

아이가 책을 읽고 난 후에 확인하는 방법은 질문이다. 책을 제대로 읽었는지 확인해 보고자 하는 마음에 질문하게 되는데 기억에 관한 질문이 될 수도 있다. 줄거리가 어떻게 되는지, 내용을 잘 이해하고 있는지, 주인공의 이름이 무엇인지 등에 관해서 확인하는 것이다. 아이가 대답을 잘하고 기억을 잘하면 책을 잘 읽었다고 생각하게 되고, 대답을 못 하고 기억을 못 하면 제대로 읽지 않았다고 여긴다.

기억력 위주의 평가나 질문을 하게 되면 아이는 전체적인 내용에 대한 책 읽기를 하는 것이 아니라 중요하다고 생각되는 부분들만 훑어보게 되는 책 읽기로 가게 된다. 책은 기억력 위주보다는 이해력 위주로 가야 한다.

책의 중요성은 아이가 책을 읽는 데 있어서 어디로 가야 할지 방향성을 알려주는 든든한 길잡이 역할을 한다. 성공으로 이끌어주는 보물 지도의 역할을 하는 것이다. 그래서 어릴 때부터 책을 읽는 습관은 굉장히 중요하다.

글을 잘 쓰고 말을 잘하는 방법 중에 '3다의 법칙'이라는 것이 있다. 다독(多讀), 다상량(多商量), 다작(多作)이다. '많이 읽고, 많이 생각하고, 많이 쓰라'라는 말이다. 아이의 관심 분야를 찾아주고 적극적으로 지원해주며 시야를 넓힐 수 있도록 부모는 도와주어야 한다.

03

어린이 책으로 들여다보는 아이의 속마음 알기

들은 것은 잊어버리고, 본 것은 기억하고,
직접 해본 것은 계속 실천한다.

- 중국 격언 -

어린이 책은 아이가 학교생활 하는 데 감각과 적응성을 길러준다. 가정에서 올바른 훈육과 교육을 받지 못한 아이들은 왕따 문제에 대해서 심각한 양상을 나타낸다. 초등학교 저학년 아이들만 보더라도 어른들이 상상하기 힘든 차별 의식이나 친구를 따돌리는 행동을 거침없이 드러내는 경우가 빈번하다.

나연이는 유아기에 자신이 좋아하는 책을 반복해서 읽었다. 듣는 책으로 성우가 더빙해준 책을 들으면서 주인공에 스스로 감정 이입하며 놀았다. 초등학교를 입학하고 고학년으로 올라가면서 자신이 좋아하는 책만 읽지 않게끔 도서관에 데리고 가서 새로운 장르의 도서를 본인이 골라서 읽게 했다. 서점에도 자주 데리고 가서 아이가 원하는 책을 사주었다.

선물 받은 책은 여러 번 반복해서 읽었다. 문학 소설, 추리, 판타지, 위인, 철학, 인문, 과학 등 여러 장르도 섭렵했다.

아이가 책을 읽는 것은 학년이나 나이와 비례하지 않는다. 같은 3학년이라고 해도 책 읽기 수준은 어떤 아이는 1학년 수준이고 어떤 아이는 5학년 수준일 수 있다. 책 읽기에 대해서 통합적인 사고를 위해서는 여러 분야에 걸친 다양한 책 읽기가 절대적이다. 책을 골고루 읽혀야 하고 아이의 수준을 정확히 파악하는 것이 필요하다. 아이가 책을 읽고 난 후에는 책의 내용을 확인하는 것이 필요하다. 엄마가 책을 읽어주거나 부모가 함께 토론하면서 책 읽는 법을 지도한다면 효과적인 책 읽기의 기초가 형성된다.

아이의 책 읽기에 있어서 동기 부여가 되어 있지 않다면 책을 읽게 하는데 난관에 부딪히게 된다. 무조건 아이에게 책을 강요하고 읽히는 것이 아니라 책을 왜 읽어야 하는지 이유를 설명해야 할 순간이 필요하다. 오직 성적과 입시를 위해 공부만 하는 것이 아니라 책을 통해서 공부의 목표를 설정하고 나아갈 방법을 알려주어야 한다.

책은 교과서를 위한 최고의 교재다. 입시를 위한 공부에서도 문학이나 비문학 부류의 한 종류의 책만 편식하게 되면 통합적인 사고를 하기가 어렵다. 초등, 중등, 고등의 입시에서 다양한 문제들에 능숙하게 대처하기 위해서는 어려서부터 문학과 비문학 부류의 책을 골고루 접해야 한다. 책을 읽고 난 후에 독후 활동도 병행해서 하면 읽기와 쓰기에 많은 도움이 된다.

초등학교 저학년 때에는 상상력과 창의력이 발달하는 시기이다. 판타지, 그림책, 단편 동화, 창작동화, 동시 등의 책이 적당하다. 그림 동화책은 아이뿐만 아니라 어른도 읽을 수 있는 책이다. 그림 동화책은 글보다는 그림으로 구성되어 있어서 창의력과 상상력을 길러주는 장점이 있다.

아이가 고학년으로 올라갈수록 상상의 세계에서 벗어나 친구, 가족, 학교 중심으로 생활하게 된다. 책이나 영화의 주인공과 자기를 동일시하는 현상이 생기기도 한다. 자신이 닮고 싶은 인물이나 위인전 속의 영웅이 나타난다.

이 시기에는 역사 이야기, 위인전, 모험담이 담긴 영웅전, 창작동화, 세계문학 전집, 한국문학 전집 등을 읽히면 좋다. 그리고 그림이 많은 책보다는 글 위주의 책으로 서서히 바꿔주어야 한다. 학습만화책도 유익하지 않다. 그림이나 만화가 많이 있는 책만 보게 되면 글을 이미지로 연상할 수 있는 능력이 발달되지 않아서 이해력을 키우는 데 방해가 된다고한다.

고학년으로 올라갈수록 지적 호기심이 왕성해지기 때문에 자신이 좋아하고 관심 있는 분야의 책을 찾아서 읽기 시작한다. 다양한 분야의 책을 읽어야 하는 때이다. 과학책이나 백과사전의 책은 다양한 지식을 얻을 수 있고 역사에 관련된 다양한 인간의 모습을 접할 수 있으며, 추리소설은 논리력과 추리 능력을 기를 수 있게 된다. 또한, 문화적이고 사회적인 관점을 형성할 수 있는 책을 통해 가치관을 서서히 정립해 나가게된다.

아이의 성적은 마음먹기와 습관에 달려 있기 때문에 초등학교 성적이아무리 안 좋아도 추후에 역전이 가능하다고 생각한다. 그렇지만 초등학교 시기에 다져주어야 하는 책 읽기의 습관은 금세 바뀌지 않는다. 어려서부터 책 읽기의 습관이 중요한 이유다.

성적 위주로 공부해야 하는 아이의 답답한 마음을 생각하며 내가 지은동시다.

「이상한 학원」

우리 엄마가 그랬어
낮에도 달이 떠다닌다고
누나와 형들은
달을 돌아
아침에는 금성
저녁에는 화성
밤엔 지구로 돌아와

엄마 얼굴은 보름달로
점점 둥글게
지구를 사이에 두고
태양과 달을 오고 갔어

어른들은 형들을
학원 안에 수북이 담아
누나와 형은 어느 행성에서
나타난 외계인일까?

아이가 책 읽기 실력을 쌓아 올리는 것은 식물을 키우는 것과 비슷하다고 생각한다. 물과 햇빛과 영양을 제대로 공급해주지 않고 서둘러서 농약을 주면 식물이 오래 못가서 시들게 된다. 아이는 아직 충분히 기반이 갖추어진 상태가 아니다. 엄마의 조급한 마음을 접어두고 아이의 조건이 완벽하게 무르익었을 때 책을 잘 읽고 글을 쓸 수 있게 된다. 책 읽기 실력은 하루아침에 생기거나 얻어지는 것이 아니다.

학습심리학 전문가들은 평상시에 꾸준히 노력하는 아이의 경우도 실력이 무한대로, 수직으로 상승하는 것이 아니라고 한다. '증가─정체─증가'를 반복하며 향상된다고 한다. 이를 전문용어로 '고원현상(plateau phenomenon, 高原現象)'이라고 한다. 공부 습관이 좋은 아이도 초반에만 실력이 좀 늘다가 중간에는 한동안 제자리 걸음을 하게 되고, 또 그러다가 마지막에 갑자기 실력이 껑충 뛰어오르는 단계적인 발전 양상을 보인다.

04

상상력, 어휘력과 표현력을 길러주는 방법

독서할 때 당신은
항상 가장 좋은 친구와 함께 있다.

- 시드니 스미스 -

자녀가 책 읽기를 좋아하고 표현도 잘하게 키울 수 있는 방법에 대해 알아보면, 집안 분위기가 책과 친근한 환경이면 아이는 자연스럽게 일상 속에서 책을 가까이한다는 걸 알 수 있다. 거실에서 TV를 보기보다는 책이 아니어도 좋으니 책과 같은 활자문화에 자주 노출하는 환경을 만들어 주어야 한다. 화장실에 만화책이나 과학잡지를 구비해 놓는 것도 좋다. 책을 읽게 만드는 정서적 환경이 중요하다. 자연스럽게 편안히 읽을 수 있는 공간을 만든다. 아이에게 "책상에 똑바로 앉아서 읽으라."라고 하면 독서의 즐거움이 줄어든다. 바른 자세도 좋지만 독서를 하는 데 자유로움과 편안함, 이 두 가지 정서가 즐거운 책 읽기에 필수적이다.

판타지 소설, 마법 천자문 같은 학습만화책이나 그림책, 로맨스 소설 등 책의 종류에 구애받지 말고 아이의 책 읽기 자체를 독려한다. 크라센의 '읽기 혁명'에서는 목표를 정해놓지 않는 자유로운 읽기가 학생들의 독해력과 독서 능력을 향상시킨다고 밝히고 있다.

아이가 책을 멀리하는 게 책 읽기를 싫어하는 게 아니라, 관심과 흥미를 느낄 수 있는 주제를 만나지 못해 책 읽기의 재미를 몰라서인 경우가 있다. 만화책을 읽더라도 부모는 한심하게 생각할 것이 아니라 만화책도 읽게 허용하고, 판타지 소설이나 로맨스 소설을 읽고 이야기의 결말에 관해 이야기하는 부모는 자연스럽게 이미 아이의 독서력에 바탕이 되어 있는 것이다. 아이의 독서에 대한 긍정적인 태도와 풍부한 상상력과 표현력이 시작되는 지점이다.

나연이가 초등학교 시절 판타지 장르 소설에 심취해 있을 때 스스로 써놓았던 소설이다.

제목 : 사춘기 뱀파이어

〈프롤로그〉
그날은 유난히 추웠다. 나는 그날따라 너무나도 외출하기 싫었고 하늘은 항상 그랬던 것처럼 어두컴컴했다.

"저 오늘은 정말 가기 싫어요."
"안 돼. 중요한 전통이라는 건 너도 잘 알잖니."

괜히 떼를 써 봐도 돌아오는 건 단호한 엄마의 대답 뿐이었다. 바로 그 날이었다. 모든 것이 뒤집히고 바뀌어버린 총체적 난국의 날. 내 사춘기 가 시작된 날이었다.

〈뱀파이어 사춘기〉

내 이름 제임스이자 내 나이 150세. 나는 뱀파이어다. 그리고 이 책을 읽고 있는 당신은 겪었을지 모르겠지만 나는 지금 사춘기 진행형이다. 무슨 의미인지 아는가? 그렇다. 모든게 다 비뚤어 보이고 내 생각이 모 조리 정답이라는 느낌이 드는 시절. 나는 뱀파이어 치고 사춘기가 조금 늦게 온 타입이었다. 인간 나이로 16살 때 사춘기가 온 것이니 말이다. 내가 '아하! 이것이 사춘기로구나!'라고 느꼈던 사건이 무엇인지 아는가? 처음부터 '난 사춘기야. 그러니 나를 가만히 내버려둬.'라고 외치고 다녔 던 것은 절대 아니다.

때는 16살 초겨울, 매주 일주일에 한 번, 뱀파이어 집회가 열려 뱀파이어는 모두가 참석해야 했던 날이었다. 아, 여러분은 이해하기 힘들 테니 그냥, 교회 간다라는 개념으로 생각하면 편할 것 같다. 우리도 교회랑 똑같다. 일찍 일어나야 하는 것 말이다. 무려 평소 기상시간인 새벽 3시에서 4시간이나 일찍 일어나야 한다.

어찌됐건, 나는 그 날도 집회에 가야 했고, 우리 가족은 모두들 너무나도 큰 가문과 전통에 대한 자부심 때문인지 절대절대절대 아무도 빠지지 못하게 했고 그건 막바로 사춘기가 시작된 나에게는 왠지 모를 반항심을 피어오르게 했다.

"나 오늘은 집회 안 갈래."
"무슨 말도 안 되는 소리야. 빨리 망토나 입어."

누나에게는 말해 봤자였다.

"나 집회 안 가."
"나도 안 가. 그리고 너가 책임져. 오케이?"

형에게도 통하지 않았다. 나는 입을 삐쭉 내밀고 툴툴거리며 2층으로 올라가 안방 문을 열었다. 결국 최후의 보루까지 오고 말았다.

"엄마 아빠. 저 오늘 집회 안 갈래요."

"무슨 소리야. 지금까지 아무도 빠진 적이 없는데. 혹시 어디 아파? 아프면 어디 보자."

"안 가면 오늘 밥 없다."

역시나였다. 엄마는 건강 걱정을 하며 영양제를 주섬주섬 꺼내들고 있었고 아빠는 협박을 했다. 아마 내가 이전까지 이런 말을 해본 적도 없었던 터라 그랬던 것같다.

"형 안 갈거야? 그러면 안 돼."

옆에서는 나보다 50살 어린 얄미운 내 남동생, 브루스가 망토를 입으며 엄마 흉내를 냈다.

"시끄러워, 땅꼬마야. 너가 이 위대한 몸의 고뇌를 아니?"

"우씨, 내가 땅꼬마라고 부르지 말랬지!"

"뭘! 우리 집에서 제일 키가 작잖아. 땅꼬마 맞네!"

브루스는 얼굴이 벌개진 채 발로 바닥을 쿵쿵 굴렀다. 나는 브루스의 행동이 마치 공룡 같아 마구 낄낄거리다가 문득 알아챘다. 아랫층은 우리집 까칠함 1위, 노처녀인 스텔라 이모가 자고 있었다. 결국 아랫층에서는 집안을 온통 흔들만한 우렁찬 고함소리가 뻗어나왔고, 나와 브루스는 동시에 말했다.

"노처녀 히스테리."

결국 나는 모두에게 거절당한 채로 내 방에 돌아왔다. 집회까지는 1시간. 뭔가 대책이 필요했다. 나는 퍼득 무언가가 생각나 창문을 열었다. 역시 시간이 됐는지 우리집 애완 호신박쥐 페티는 잠시 박쥐 다과회에 간 모양이었다. 모두가 한참 잠에 들어 있는 어제 낮부터 자꾸 내 방 창문을 열며 다과회에 간다고 자랑했으니 말이다. 그래서인지 밖에서만 열리는 내 방 창문은 고맙게도 잠금이 풀려 있었다. 페티는 이 사실을 들키면 아마 일주일간 외출 금지겠지. 잠시 죄책감이 들었지만 나는 5초만에 그 사실을 잊어버렸다. 다시 창문을 닫고 다시 방에 돌아와서는 백팩을 꺼내고 어젯밤 먹다남은 탄산 사과향 혈액 음료수와 이어폰, 그리고 내 노트북을 챙겼다.

프롤로그와 도입 부분만 완성했지만 나는 나연이의 글을 보고 깜짝 놀랐다. 상상력과 창의력을 바탕으로 소설을 써내려 갔다는 자체가 경이로웠던 것이다. 그동안 독서를 했던 읽기와 생각이 밑바탕이 되었다는 생각이 들었다. 나연이가 독서록을 쓸 때에 나는 간섭을 거의 하지 않았다. 독서록 양식에 따르기보다는 마음대로 쓰게끔 두었다. 글쓰기를 싫어하지 않고 본인의 생각에 충실하게 맞추어 작성했다.

초등시절 어려서부터 했던 책 읽기와 글쓰기가 고등학교 재학 시절 많은 도움이 되었다. 대학교에서도 나연이는 어려서부터의 독서와 글쓰기가 절대적으로 도움이 되었다고 한다.

05

아이의 관심을 책으로 연결하는 엄마표 독서 교육

책은 가장 조용하고 변함 없는 벗이다. 책은 가장 쉽게 다가갈 수 있고
가장 현명한 상담자이자, 가장 인내심 있는 교사이다.

– 찰스 W. 엘리엇 –

좌윤이가 저학년 때 아이의 마음을 상상하면서 끄적거렸던 동화다. 좌
윤이의 마음을 들여다보고 싶은 엄마의 마음으로 상상했었다.

제목 : 기회의 신

〈택배 사건〉

좌윤이는 방으로 돌아와 컴퓨터 속 이메일을 열었다. 게임 아이템을
판다는 발신자를 알 수 없는 메일이 있었다. 그리고 나서 소포 하나가 배
달된다. 덕구골 신선이 보낸 택배라고. 소포에는 USB메모리가 들어 있
습니다. 컴퓨터에서 재생시키자 신선의 동영상 강의가 나옵니다.

"자, 제가 있는 곳은 신선 세계입니다. 여러분은 일상이 단조롭고 재미없지요. 제가 있는 곳은 변화무쌍하고 재미있답니다."

"단 조건이 있습니다. 여러분의 역할을 바꿔드립니다. 본연의 모습으로는 안 됩니다. 그리고 기억을 잃어버리게 됩니다."

본연의 모습으로 돌아오게 되면 승천하게 된다는 것이다. 아프로디테로 변신한 엄마와 헤파이토스로 변신한 아빠는 얼른 신선의 세계로 오라는 것이다. 용소골이다. 이무기와 마덕구 이무기가 서로 용이 되어 승천하려고 수백 년을 기다려 왔지만 승천하지 못하여 안절부절하다가 매봉여신의 도움으로 승천하여 용이 되었다는 곳으로 기암괴석 사이로 폭포수가 용트림하여 낙수하고 아래는 거울같이 맑은 물이 고이게 되었는데 위에는 용소폭포 아래는 마당소라고 하는 전설이 있어서 서로의 몸을 바꿔야지만 승천할 수 있다는 곳이다.

용소골 이무기와 선녀들에게 마음껏 놀 수 있는 자리를 선물로 내놓은 곳이며, 이곳은 수심이 워낙 깊어 옛 사람들이 명주실 한꾸리를 풀어 넣었으나 실끝이 약 4Km떨어진 마덕구 계곡으로 나왔다는 전설이 있는 곳이다.

'절대로 택배를 주인의 허락없이 열지 마시오.'

약 3,000여 년 전 사냥꾼들이 사냥을 하다가 멧돼지를 발견 활과 창으로 공격하여 큰 상처를 입혔다. 상처를 입고 도망을 가던 멧돼지가 어느 계곡에 들어갔다 나오더니 쏜살같이 사라지는 것을 보았다. 이상하게 여긴 사냥꾼들이 그 계곡을 살펴보니 자연으로 용출되는 물이 있는 것이었다. 이곳이 사람의 운명을 바꾸는 물이었던 것이다.

이곳에서 사람들이 산신각을 짓고 오래전 마을 사람들이 계곡에서 김이 모락모락 나는 것이 신비스러워 나무로 산신각을 짓고 소원 성취를 빌기 시작하였다. 재단에 향을 올리고 산신각의 호랑이와 산신령님을 향해 경건한 마음으로 욕심 없이 여러 가지 소원중에서 가장 절실하고 간절한 소원 한 가지만 부탁하면 효과가 있다고 기회의 신은 전해주었다.

구상나무가 된 구상이는 몸이 바뀌었음을 알게 되었다. 그래서 구상이에게 필요한 해독제가 응봉산의 물이라고 했다.

〈응봉산 이야기〉

좌윤이는 아직 산을 헤매고 있었다. 멧돼지에게 쫓기고 사냥꾼에게 습격당하고…

"일어나야지."

좌윤이는 아직도 별의 행성에서 헤매고 있다. 우주의 웜홀에서도 길을 찾지 못해 미아가 되어 떠돌아 다니고 있다.

"늦게 일어나는 사람은 아침밥 없다."

구멍을 찾아 가려고 하는 순간 찰싹 엉덩이를 치는 소리가 들린다. 좌윤이 엉덩이는 화끈거린다. 엄마는 아침이면 어김없이 시계 알람처럼 잠과의 전쟁으로 선전포고를 하신다. 엄마는 시간을 아끼지 않고 낭비하는 것을 제일 싫어하신다. 아침에도 정해진 시간에 일어나 운동하고 씻어야 하고, 7시에 일어나 밥을 먹어야 하고 양치하고 8시 40분에 집을 나가고 학교에 9시까지 등교해야 한다.

왜 하루는 24시간일까? 24시간이 싫다. 정해진 시간에 밥을 먹어야 하고, 정해진 시간에 학교에 가서 친구들과 선생님을 만나, 공부를 하고 수업시간은 40분이고 쉬는 시간은 10분이고 또 점심을 먹고 공부하고 하교하면 집에 오고… 전생에 엄마는 대왕마녀. 좌윤이 인생은 좌윤이 것인데 자식을 엄마 꺼라고 생각하는 엄마. 엄마는 잔소리가 심하다. 달력은 뺑뺑이 동그라미 투성이. 휴대폰 속 일정에도 동그라미가 그려진 달력이다. 어제도 학원 오늘도 학원 내일도 학.원.학.원.학.원.학원 없는 세상이 왔으면 좋겠다. 상상만으로도 행복하다. 그리고 기다린다.

좌윤이는 숙제 때문에 밤 11시나 되야 잠자리에 들 수 있다. 엄마는 독을 품고 있는 독사처럼. 좌윤이가 숙제와 공부를 마친 걸 확인하고 잠자리에 든 것까지 보고 불을 끄고 나가신다. 휴대폰 속에 저장된 엄마의 이름은 과외쌤 부인이다. 휴대폰도 집에 오면 제자리에 올려 놓고 감시를 받는다. 공부 일과표를 스케줄로 작성해서 들고 다니며 좌윤이를 들들 볶는다.

요즘 집에 오면 숙제 때문에 몸이 2개여도 모자랄 지경이다. 이럴 때 좌윤이는 아팠으면 하는 생각도 든다. 시험지에 파묻혀 침을 질질 흘리면서 잠이 들어 깨어나지 못하고 꿈나라를 헤매다가 대왕마녀한테 걸려 아주 크게 혼난 적이 많다. 좌윤이도 아이인데 너무 큰 아이 취급하듯이 과외쌤 부인은 들들 볶는다. '아!~힘들어.' 신선은 나를 언제 도와주려나.

바다에 놀러 가서 발도 첨벙거리고 싶고… 모래사장에 누워 모래알 만지며 놀고 싶다. 숙제는 멀리 멀리 날아가 버려라. 하고 싶은게 너무 많다. 도서관에 가서 책을 보고 있으면 어김없이 대왕마녀가 나타나 나를 들들 볶는다. "만화책 읽지 말고 글씨로 된 책을 봐야지.", "독서록 써라." 이렇게 대왕마녀가 나를 볶으면 나는 입맛이 싹 가시듯이 좋아하던 읽을 흥미도 사라져버리고 만다. 해가 넘어가는 지평선 너머로 해가 사라지듯이. 내 친구 성현이다. 멀리서 뒷모습 보고 슬금슬금 다가가 잡았다. '성현아' 화들짝 놀라 돌아보는 낯선 얼굴이다. '죄송합니다' 처음 보는 얼굴인데 뒤에는 뒤통수만 있다. 좌윤이 얼굴이 뜨겁다.

다른 친구들도 학교가 싫고 집도 싫다고 한다. 다람쥐 쳇바퀴 돌 듯이 학교-학원, 학교, 집을 돌기 때문이다. 그래도 학교 친구들을 만나면 즐거운 이유는 엽기 놀이가 있기 때문이다. 숨넘어 가기 직전까지 웃어주기, 간지럼 1분 동안 참아주기, 눈 부릅 뜨고 1분 동안 참고 깜박거리지 않기, 머리통에 코 대고 머리 냄새 참기, 우유 들어 있는 우유팩 멀리 던지며 야구 놀이 하기, 실내화 발로 던져서 멀리 차기, 누가 멀리 가나 시합 종류다. 선생님 모르게 은밀하게 우리끼리 하는 놀이 방식이다.우리가 누리는 최대 다수의 최대 행복 놀이다. 나를 위로해주는 청량음료 같다. 엄마는 게임을 하는 것도 싫어하신다.

그래서 엄마가 정해준 미션을 완성하면 좌윤이에게 게임 시간이 주어진다. 엄마가 정해준 미션은 일기 매일 쓰기, 신문 사설 읽기, 시 한편 읽고 외우기, 논어 이야기 아침시간에 읽고 등교하기, 책 한 편당 게임 시간 10분이 주어지고 독서록 쓰면 5분이 더해진다. 게임 시간은 이렇게 룰을 정해놓고 채워야 한다. 엄마는 명분을 나를 위해서라고 좌윤이의 미래를 위해서라고 한다. '치사하게' 미래가 뭐지?

그래서 일주일 중에서 일요일이 제일 좋다. 좌윤이 삶에서 낙은 엽기 놀이와 게임 시간이다. 활자로 된 책은 뭐가 재미가 있는지 엄마의 잔소리 때문에 늘 귀가 따갑다. 학교 가는 시간도 기다려지는 이유는 친구들과 유희왕 카드를 즐길 수 있기 때문이다.

엄마는 내 맘을 모를 것이다. 남자들의 세상을… 아빠는 같이 하고 싶어도 늘 바쁘시다. 늘 피곤해서 그렇게 취미가 텔레비전 보기다. 아빠가 앞치마를 두르고 음식을 하신다. 우리를 챙겨준다. 자상하시다. 회사 일을 마치고 기다려준다. 동네 아줌마들과 수다스럽게 수다를 떨고 계모임을 나간다. 장을 본다. 잔소리가 심해진다. 드라마를 보고 훌쩍거린다. 엄마는 와일드해진다. 수다를 귀찮아하고 텔레비전만 보신다. 잔소리가 심하게 줄어들었다. 상상하면서 좌윤이는 미소를 짓는다. 엄마와 아빠의 역할이 바뀌면 재미있을 것 같은데… 그리스 로마 신화의 신처럼 엄마와 아빠가 닮는다면 공부는 안 시킬 것 같아.

책을 잘 읽는 아이들에게서 나타나는 공통점이 있다. 책을 편중되게 읽지 않고 골고루 읽는다. 책 읽는 즐거움을 안다. 어려서부터 초등학교 시기까지의 책 읽기 습관이 평생 영향을 미치게 된다. 초등학교 시기가 되어도 혼자 책 읽기를 시키기보다는 부모의 정성이 뒷받침되어야 한다. 초등학교 시기의 아이는 이해력과 집중력이 부족하므로 부모의 적극적인 지도가 필요하다. 주의할 점은 아이에게 책을 억지로 읽히거나 독후활동을 의무사항이라고 강요하게 되면 책에 대한 거부감이 생길 수도 있다. 아이 스스로 책을 읽기까지는 부모의 많은 시간과 노력이 필요하다. 엄마가 아이와 상의해 독서시간표를 짜서 하루에 30분에서 1시간이라도 책 읽는 시간을 정해주어야 한다.

06

내 아이 독서 목록 만들어주기

책 없는 방은
영혼 없는 육체와도 같다.

– 키케로 –

십 대 아이들에게 해당하는 독서 목록을 소개하면 감각적인 고전문학으로 생각을 배울 시기이므로 펄 벅의 『대지』로 출발해서 루쉰의 『아 Q 정전』과 위화의 『가랑비 속의 외침』 등 중국 문학을 거쳐 『데미안』, 『싯다르타』, 『좁은 문』, 『변신』, 『오만과 편견』, 『노인과 바다』 등 보편적인 고전문학을 읽는 것이 좋다.

중·고등학생은 의식과 인지력 확장을 위해 시와 한국문학, 제3 세계 고전을 읽을 시기이다. 예를 들면 시는 서정주로 시작해서 김수영까지 읽고 한시의 묘미도 알 필요가 있다. 이후에는 우리 근현대소설, 『카라마조프 가의 형제들』, 『죄와 벌』 등의 러시아 문학, 그리고 제3 세계 문학과

『삼국지』 등을 읽으면서 사고의 폭을 넓히면 된다.

케네디 가문은 미국에서 가장 존경받는 정치 가문으로 손꼽힌다. 케네디 가문이 정치 명문가로 발돋움하게 된 데는 존 F. 케네디 대통령의 어머니 로즈여사의 독서 리스트가 밑바탕이 되었다는 이야기가 있다. 로즈 여사는 정치인들에게 꼭 필요한 모험과 도전 정신을 키울 수 있는 책들로 독서 리스트를 만들어 자녀들에게 읽혔다고 한다. 로즈 여사는 고전을 중시하면서도 『아라비안나이트』, 『보물섬』, 『아서 왕과 원탁의 기사들』, 『천로역정』, 『피터 팬』, 『정글북』, 『밤비』, 『톰 아저씨의 오두막』, 『신밧드의 모험』, 『블랙 뷰티』, 『시튼 동물기』 등 다양한 장르의 책들을 서가에 꽂아두었다.

중국번이 필독서로 꼽은 책에는 『사서삼경』을 비롯해 사마천의 『사기』와 『장자』 등이 포함되어 있다. 중국번은 책을 읽을 때는 분야를 한정 짓지 말고 이른바 '문·사·철(문학, 역사, 철학)'뿐만 아니라 자연과학 분야의 책도 두루 섭렵해야 한다고 말한다.

우리에게 『수레바퀴 아래서』와 『데미안』으로 유명한 헤르만 헤세는 무엇보다 셰익스피어와 괴테의 작품을 모두 읽기를 권했다. 헤세는 "진정한 대문호들을 제대로 알아야 하는데 그 선두에 있는 것이 셰익스피어와 괴테"라고 강조했다. 헤세는 또한 독서 리스트를 동양과 서양, 고대와 현대의 책들로 조화롭게 구성하는 것이야말로 지혜로운 독서 기술의 핵심이라고 말했다.

자녀와 부모의 문제를 다룬 책 중에서 권할 만한 도서는 『못 말리는 아빠와 까칠한 아들』, 『엄마를 화나게 하는 10가지 방법』, 『길 위의 소년』, 『아빠 고르기』, 『엄마는 해고야』가 있다.

조부모와의 관계를 다룬 책에는 『할아버지 나무』, 『너희들도 언젠가는 노인이 된단다』가 있고 형제간의 우애와 갈등에 관한 책에는 『심술쟁이 내 동생 싸게 팔아요』, 『동생은 괴로워』, 『터널』, 『달라질 거야』가 있다.

고학년으로 가면서 읽힐 책은 『완득이』, 『아몬드』, 『마법의 설탕 두 조각』, 『리디아의 정원』, 『세상에서 가장 어려운 선택』, 『마당을 나온 암탉』, 『시간을 파는 상점』, 『기억의 끈』, 『잔소리 없는 날』이 있다.

할리우드가 사랑한 작가 존 로널드 루엘 톨킨 ― 좌윤이는 〈반지의 제왕〉 영화를 굉장히 좋아한다. 수십 번을 보고도 또 본다. ― 판타지 소설의 아버지라고 불리는 〈반지의 제왕〉, 〈호빗〉 시리즈의 원작자로 알려진 J.R.R. 톨킨은 현대 판타지 문학의 시조로 불린다. 그가 고안한 인간과

엘프, 드워프, 오크, 호빗 종족과 마법 등의 설정, 그리고 이들이 어우러져 사는 '중간계'라는 공간적 배경은 판타지 소설의 기초로 자리 잡았다. 이후 수많은 작가가 이를 차용해 작품을 썼다. 영화를 좋아하는 아이에게 원작소설을 구입해서 책을 보여주었더니 좋아했다. 영상으로 보는 판타지의 세계는 이미지가 한정적이고 상상의 나래를 많이 펼 수 없지만, 책으로 읽는 판타지의 상상력은 무궁무진하다.

원작소설을 바탕으로 한 영화가 많이 제작된다. 영화를 보기 전에 소설을 먼저 보여주는 것을 추천한다. 영화를 보고 난 후 원작소설을 보면 영상으로 이미지가 떠올라 책에서의 상상은 불가능해지는 것 같다.

아이는 독서 예습 차원에서 학년별 필독 도서를 읽어야 한다. 국어에 관련된 책, 바른생활, 슬기로운 생활, 명작, 역사, 수학 등 모든 과목에 책은 연계되어 있다. 아이가 좋아하는 관심사별로 책을 읽는 습관은 아주 좋은 방법이다.

나이별 아이 책

〈유아 1~2세〉

1.『사랑해 모두 모두 사랑해』: 엄마와 아빠의 아기에 대한 사랑을 듬

뿍 담은 그림책 (글 : 매리언 데인 바우어, 그림 : 캐롤라인 제인 처지, 보물창고)

이 책은 아기에 대한 엄마와 아빠의 사랑을 아름다운 글과 그림으로 포근하면서도 풍부하게 담은 그림책으로 많은 부모와 아기들에게 무척 사랑받는 책이다. 사랑의 말이나 포옹, 보살핌 등은 아기와의 애착 관계를 형성시키는 데 중요한 역할을 한다. 어릴 적 애착 관계가 잘 형성된 아이들은 정서적으로 안정되어 사회성도 좋고 학업 성적도 우수하다는 연구 결과가 있다. '해님이 눈부시게 푸르른 날을 사랑하듯이, 꿀벌이 향기로운 꽃을 사랑하듯이, 목마른 오리가 시원한 소나기를 좋아하듯이' 등 아기를 사랑한다는 엄마 아빠의 표현을 다채롭게 시적으로 들려주는 앙증맞고 예쁜 그림책이다.

2. 『달님 안녕』 : 둥근 달님과 구름, 고양이가 어우러져 아기들의 마음에 친근하고 정감있게 다가가는 그림책 (글/그림 : 하야시 아키코, 한림출판사)

이 책은 어두운 밤하늘과 밝은 보름달이 대비되면서 아기들의 시선을 집중시킨다. 엄마와 함께 산책 나온 아기가 떠오르는 보름달을 바라본다. 달이 구름에 의해 가려지는 모습을 통해 안타깝게 느낄 수 있는 아기의 마음을 잘 표현했다. 그리고 다시 환히 웃으며 달이 나타남으로 안정되고 편안함을 느끼게 한다. 달님과 함께 집과 고양이 그림이 아름답게 어우러져 더 포근한 느낌을 준다. 반복되는 말과 짧은 문장으로 아기들에게 흥겨운 리듬감을 주고 말을 배우는 아이들에게는 더욱 흥미를 느끼게 하는 책, 단순한 그림과 간결한 언어로 아기들에게 쉽게 다가갈 수 있는 예쁜 그림책이다.

〈3~4세〉

1.『누구 그림자일까?』: 그림자의 주인이 누구인지 알아맞혀 보는 수수께끼 형식의 그림자놀이 그림책 (글/그림 : 최숙희, 보림)

이 책은 유아들이 그림자를 통해 호기심을 가지고 마음껏 상상력을 펼치며 즐길 수 있는 책이다. 자신이 예상했던 사물의 모습과는 전혀 다른 그림자의 주인을 확인하면서 유아들은 보이는 것과 다른 다양한 이미지의 세계를 알게 된다. 그리고 각 주인공이 사용하는 사물의 그림자를 보여줌으로써 주인공을 추측하여 찾아낼 수 있도록 돕는다. 그림자와 사물을 잘 관찰하면서 생각하는 시간을 통해 관찰력, 사고력이 발달하고 상상력의 즐거움을 맛보게 된다.

2.『우리 몸의 구멍』: 우리 몸의 주요 기관들에 대한 생김새와 하는 일

에 대해 즐겁게 알아가는 과학 (그림책/글 : 허은미, 그림 : 이해리, 길벗
어린이)

이 책은 구멍이라는 매개체를 통해 유아들이 우리 몸의 주요 기관들에
대해 자연스럽게 배우고 알아가도록 재미있게 구성하였다. 이 시기의 유
아들은 자신의 몸에 대해 호기심과 적극적인 관심을 갖는다. 이러한 궁
금증을 가진 아이들의 생활을 잘 포착하여 코를 비롯해 입에서부터 배꼽
에 이르기까지 우리 몸에 있는 구멍들을 차례차례 보여주며 놀이하듯 즐
겁게 익히도록 하였다. 짧고 운율 있는 대화체와 유머러스하고 짜임새
있는 그림의 구성이 아이들의 흥미를 자극하여 책 읽는 맛을 한층 더해
준다.

3. 『누가 내 머리에 똥 쌌어?』: 귀여운 두더지가 자신의 머리 위에 똥
을 싼 동물들을 찾아다니는 이야기이다. (글 : 베르너 홀츠바르트, 그림 :
볼프 에를브루흐, 사계절)

이 책은 다양한 동물들의 똥에 관련된 이야기로 아이들에게 호기심과
즐거움을 자아내는 그림책이다. 똥의 모양이나 색깔, 냄새 등이 의성어,
의태어로 표현되면서 흥미를 이끌어간다. 작은 두더지가 땅 위로 고개를
쏙 내미는데 머리 위로 똥이 떨어진다. 두더지는 화가 나서 누가 자신의

머리에 똥을 쌌는지 동물들을 찾아다니며 추적해간다. 눈이 나쁜 두더지는 파리들의 도움을 받아 드디어 똥 싼 범인을 찾아내고 다시 땅속으로 웃으며 사라진다.

〈5~6세〉

1.『내가 만일 엄마라면』: 엄마에게 바라는 솔직한 아이의 마음을 읽을 수 있는 정감 어린 책 (글 : 마거릿 파크 브릿지, 그림 : 케이디 맥도널드 덴튼, 베틀북)

이 책은 아이들의 솔직한 마음과 생각을 단순하면서도 깔끔한 글과 그림으로 잘 표현하고 있다. 그리고 엄마와 아이가 서로 입장을 바꾸어 봄으로써 서로의 마음을 좀 더 이해하게 되고 사랑을 확인하는 과정이 자연스럽게 나타나 있다. 아이들이 엄마들에게 바라는 것이 무엇인지 아이와 엄마가 나누는 대화를 통해 자연스럽게 알 수 있다. 책을 함께 읽으면서 엄마의 생각과 판단대로 아이를 보아왔던 점들을 되돌아보는 시간을 가질 수 있고 아이가 바라는 엄마, 엄마가 바라는 아이의 생각들을 나눌 수 있다. 그림의 분위기도 포근하고 따스한 느낌을 잘 전달해주는 정겨운 책이다.

2.『장갑』: 숲속에 사는 동물들이 서로를 배려하며 따스한 마음을 나누

는 이야기 (글/그림 : 에우게니 M. 라초프, 한림출판사)

이 책은 눈이 내린 숲에 장갑 한 짝이 떨어졌는데 그 속으로 동물들이 하나하나 들어가면서 서로 배려하는 마음을 그린 이야기이다. 아이들에게 작은 일이라도 함께 나누고 더불어 살아가는 것이 얼마나 즐겁고 따뜻한 일인지를 일깨워주는 책이다. 각 동물들이 등장할 때마다 아무일 없이 장갑 안으로 들어온다. 아이들에게 그 안에서 어떤 일이 일어날 수 있는지 이야기를 추측해보게 하면 더 재미있고 실감나게 읽을 수 있다. 그 호기심과 상상력이 아이들의 실제 생활까지도 자극을 줄 수 있다. 러시아 그림책 작가의 제1인자로 손꼽히는 화가가 그림을 그렸다. 사실감이 있고 정성 어린 그림, 아이들의 상상력을 자극하는 그림이 뛰어나 지속적으로 많은 어린이의 사랑을 받는 책이다.

〈7세〉

1. 『마녀 위니』: 마녀 위니의 이기적인 행동을 통해 상대방에게 배려할 줄 아는 마음을 느끼게 하는 책 (글 : 배러리 토머스, 그림 : 코키 폴, 비룡소)

이 책은 물질적인 풍요와 핵가족화로 점점 이기적이고 개인주의적인 삶으로 변해가는 사회 속에서 '우리'라는 의식보다 '나'라는 의식이 커지면서 아이들도 나 중심적으로 생각하며 살아가게 된 현실을 반영하는 책이다. 마녀 위니가 자신의 생활에 맞추어 고양이 윌버를 변화시키려는 모습을 통하여 윌버의 마음을 이해하면서 상대방에 대하여 한 번쯤 생각하고 이해하는 마음을 가질 수 있다. 독특한 그림과 섬세한 붓질, 마녀 위니와 고양이 윌버의 익살스러운 모습 등이 아이들의 눈길을 끌고 온 얼굴에 웃음을 머금고 재미있게 읽을 수 있다. 이 책은 부모의 지나친 사랑과 풍요 속에서 이기적으로 되기 쉬운 아이들에게 남을 아끼고 배려하는 것이 얼마나 좋은 것인지 절로 알게 해주는 아름다운 이야기이다.

2.『팥죽 할머니와 호랑이』: 주변의 작고 보잘것없는 동물이나 사물들이 위험에 처한 할머니를 재치 있게 구해내는 이야기 (글 : 조대인, 그림 : 최숙희, 보림)

이 책은 어느 날 무서운 호랑이를 만난 힘없는 할머니가 작고 보잘것없는 동물이나 흔히 볼 수 있는 집안의 물건들의 도움으로 호랑이를 물리친다는 내용의 책이다.

아무리 힘없는 약자라도 힘을 합하면 어떤 어려움도 물리칠 수 있다는 것을 보여준다. 또한 동지라는 우리 세시 풍속에 대하여 동화를 통하여 알 수 있다.

1.『강아지똥』: 우리 눈에 아무리 하찮아 보이는 것들도 알고 보면 나름대로 쓸모 있고 가치가 있다는 것을 깨닫게 하는 이야기 (글 : 권정생 그림 : 정승각, 길벗어린이)

세상 사람들이 더럽다고 피해가며 천대받는 강아지똥! 그러나 소중한 거름이 되어 예쁜 민들레꽃을 피우게 된다. 세상에서 소외되고 버림받은 존재일지라도 그 나름대로 쓸모 있고 소중한 존재라는 것을 알게 하는 책이다. 물질적으로 풍부하고 자연에 대한 소중함을 모르는 아이들에게 하찮아 보이는 모든 것들이 사실은 얼마나 중요한지를 깨닫게 한다. 또한, 자기 자신을 아무 쓸모없다고 여기는 아이들에게는 자신감과 희망을 주어 자긍심을 갖게 하는 이야기이다.

2.『칠판 앞에 나가기 싫어!』: 앞에 나가 발표하는 것이 두렵고 싫은 아이의 마음이 실감 나게 그려져 있다. (글 : 다니엘 포세트, 그림 : 베로니크 보아리, 비룡소)

이 책은 칠판 앞에 나가 친구들 앞에서 이야기를 해야 하는 것이 너무 겁나는 초등학교 아이의 마음과 심리를 아주 잘 그려내고 있다. 주인공 에르반은 선생님이 발표시키는 날이면 참으로 괴로운 순간을 맞이하게 된다. 그런데 연수 간 선생님 대신 새로 오신 선생님의 모습을 보면서 자신감과 용기를 얻게 된다. 그리고 그 두려운 갈등의 상황을 벗어나 이제 친구들 앞에서 용기 있고 당당한 모습으로 서게 된다. 평소 수줍음이 많고 발표를 좋아하지 않는 어린이들은 주인공의 이와 같은 행동과 마음에 공감되면서 용기와 자신감을 가질 수 있을 것이다.

〈2학년〉

1. 『마법의 설탕 두 조각』: 부모와 자녀 사이에 일어날 수 있는 갈등 관계를 아름답게 풀어가는 이야기 (글 : 미카엘 엔데 , 그림 : 진드라 케펙, 소년 한길)

이 책은 렝켄이라는 어린 소녀가 자신을 무조건 통제하고 명령하는 부모님으로 인해 갈등하면서 일어나는 이야기이다. 렝켄은 자신의 마음을 이해하지 못하고 의견도 받아들이지 않는 부모님 때문에 불만이 쌓이자 요정을 찾아가 문제를 상담하고 도움을 구한다. 요정에게 얻은 마법의 설탕 두 조각을 가지고 자신의 말을 들어주지 않는 부모님을 마음대로 할 수 있게 된다. 그러나 자신이 행복해지기는커녕 더 힘들어지고 부모님이 소중한 존재라는 것도 깨닫게 된다. 이 책을 통해 어린이나 부모님들이 서로의 처지에서 생각하고 돌아보는 시간을 가질 수 있다.

2. 『내 짝꿍 최영대』: 놀리고 무시하던 친구들로 인해 상처받은 아이가 다시금 사랑과 이해로 화해하는 이야기 (글 : 채인선, 그림 : 정순희, 재미마주)

이 책은 아이들 사이에 흔히 일어날 수 있는 이야기이다. 돌봐줄 엄마의 부재로 인해 늘 옷차림이 지저분하고 행동도 느린 시골에서 전학 온 아이가 학교 친구들에게 놀림과 무시를 당하게 되고 따돌림도 받는다. 친구들과 함께하지도 못하고 혼자 지내다가 어느 날 학교에서 단체로 수학여행을 가게 된다. 그날 밤 친구들에게 또 놀림을 받게 되자 참았던 설움의 눈물이 한꺼번에 쏟아져 나온다. 감당할 수 없는 영대의 눈물로 친구들과 선생님들도 함께 울면서 그 아이의 마음과 아픔을 이해하게 된다. 그리고 서로 하나가 되면서 따돌림은 사라지게 된다. 아무렇지 않은 듯 놀리는 일들이 한 아이에게는 얼마나 큰 상처가 되는지 깨닫게 하는 이야기이다.

〈3학년〉

1. 『세계의 어린이 우리는 친구』: 세계는 하나라는 것을 알고 다른 나라의 문화와 생활의 다양성을 이해할 수 있다. (기획 : 유네스코 아시아 문화센터, 한림출판사)

이 책은 세계에는 다양한 나라들이 있고 그들의 언어와 모습이 다르다는 것을 보면서 어린이들이 보다 넓은 세계를 이해하고 살기 좋은 지구촌을 꿈꿀 수 있도록 만든 책이다. 나라마다 그 나라의 어린이들이 자신의 나라와 생활, 그 문화적 특징을 잘 소개하고 있다. 같은 시대의 다른 나라에 사는 친구들은 어떤 생활을 하며 살아가고 있는지 잘 보여주고 있으며 각 나라의 유명 화가들이 자국의 문화적 특성을 살려서 그림을 그렸기 때문에 표현방식이 모두 달라 세계의 문화를 이해하는 데에도 많은 도움이 된다. 그리고 각 나라 언어로 인사말을 익히는 것도 어린이들에게 흥미와 색다른 재미를 더한다.

2. 『눈이 딱 마주쳤어요』: 사고 잘 치는 개구쟁이지만 어려움속에서도 밝고 꿋꿋하게 잘 살아가는 따스한 이야기 (글 : 이준관, 그림 : 한유민, 논징)

이 책의 주인공 한길이는 지각도 잘 하고 개구쟁이지만 마음이 따뜻한 아이이다. 시험 보는 날 학교 갈 적에 넘어지신 할머니와 눈이 딱 마주치게 되자 할머니를 도와드리느라 지각하게 된다. 그리고 강아지를 피하려다 넘어져 자전거를 망가뜨리기도 하고, 엄마, 아빠를 도우려다 꼬임에 빠져 어려운 일을 당하기도 한다. 아버지의 사업 실패로 한길이는 어려움을 많이 겪게 되지만 씩씩하게 상황을 잘 극복하며 살아간다. 어린이를 둘러싼 일상과 사건 등을 경쾌하게 그려내면서 웃음과 감동하게 하는 따스한 이야기이다.

〈4학년〉

1. 『신라는 왜 황금의 나라라고 했나요?』: 신라시대의 유물 유적을 통해 신라인들의 생활과 그들만이 갖는 특징을 알 수 있다. (글 : 전호태, 그림 : 이경영, 다섯수레)

이 책은 신라에 관한 궁금증 38가지를 알쏭달쏭한 질문과 재미있는 대답으로 어린이들이 쉽게 이해할 수 있도록 꾸며진 책이다. 신라 시대 100여 점의 생생한 유물과 유적들의 사진을 통해 신라인들의 세계를 이해할 수 있으며 궁금한 사항을 풀 수 있다. 유물과 유적을 보면서 신라 왕족이나 귀족, 일반 백성들의 생활 모습이나 문화 등을 쉽게 구체적으로 살펴볼 수 있다. 금속 공예, 석공예, 토기 등을 보면서 신라인들의 뛰어났던 기술을 발견함으로써 어린이들을 신나는 탐구의 세계로 이끌어 준다.

2. 『생명이 들려준 이야기』: 생명이 얼마나 소중한 것이며 어떻게 사는 것이 생명을 잘 지키는 삶인지에 대해 깨닫게 한다. (글 : 위기철, 그림 : 이희재, 사계절)

이 책은 시대와 사회, 현대 문명의 생명 경시 풍조에 대해 경종을 울리고 생명을 가진 존재들의 가치를 일깨우기 위해 쓰인 책으로 생명이라는 캐릭터를 통해 여섯 편의 이야기를 들려주고 있다. 죽음과 생명의 양면성, 돈과 생명의 가치, 기계 문명으로 상실되어 가는 생명의식, 과학과 지식의 오만함에 대해 재미있는 예화로 되어 있어 어린이가 이해하기 쉽게 되어 있다. 그리고 노동과 분배, 자본주의 사회에서 소외되고 가난한 사람들의 삶과 현대 문명의 산물인 환경오염에 관한 이야기도 들어 있다. 또한, 더불어 사는 삶에 대한 진정한 주인 의식을 주제로 동극 형식으로 되어 있다. 이 책을 통해 어린이들은 생명과 죽음의 양면적인 관계에 대해 이해하고 어떻게 사는 것이 생명을 잘 지키는 삶인지, 자연환경은 또 어떻게 보존해야 잘 살 수 있는지에 대해서도 깨닫게 된다.

〈5학년〉

1. 『동화로 읽는 가시고기』: 자식을 위해 모든 것을 희생하는 아버지의 애틋한 사랑을 느낄 수 있다. (글 : 조창인, 그림 : 박철민, 파랑새어린이)

이 책은 아무리 베풀어도 끝이 없는 부모의 사랑이 어떤 것인지 느낄 수 있는 책이다. 백혈병으로 죽어가는 어린 아들을 볼 수 없어 자신의 장기를 팔아 아들을 살리는 아빠. 그러나 자신도 간암 말기로 아들보다 더 심각한 상태이다. 그러나 그 사실은 숨긴 채 헤어졌던 아내에게 아들을 보낸다. 그리고 엄청난 고통을 참아가며 투병 생활을 하는 다움이의 모습을 보며 일상생활에서 건강하게 활동할 수 있는 것이 얼마나 귀한 것인가 깨달을 수 있다. 생명의 소중함과 함께 평소 느끼지 못했던 부모, 자녀 등 가족 간의 사랑, 이웃 간의 사랑, 이성 간의 사랑도 일깨울 수 있는 아름다운 이야기이다.

2. 『어린왕자』 : 우리의 삶에 있어 진정으로 소중한 것과 사랑의 의미가 무엇인지 깨닫게 하는 이야기 (글 : 생텍쥐페리, 비룡소)

이 책은 평이한 듯하지만 내용이 깊고, 상상과 비유가 한데 어울려 한 편의 시를 읽는 듯한 느낌을 주는 동화이다. 우리나라뿐 아니라 세계 각국에서 오랜 시간이 지났음에도 여전히 가치가 높이 평가되는 책이다. 비행기 고장으로 사막에 불시착한 비행기 조종사는 작은 별에서 온 어린 왕자를 만나 서로 이야기를 나누게 된다. 그는 마음의 눈이 있는 어린 왕자를 통해 눈에 보이지는 않지만 소중한 것들이 있다는 것을 알게 된다. 그리고 진정한 사랑이 무엇인지 그 의미를 깨닫게 되고 사랑이란 서로를 길들이는 것이며 책임감을 가져야 한다는 것도 알게 된다. 아이들에게 살아가며 가장 소중한 것과 사랑의 의미를 생각해 볼 수 있는 이야기로 오늘날까지도 깊은 감동을 준다.

1.『마당을 나온 암탉』: 어려운 현실 속에서 자신의 꿈과 자유, 삶에 대한 의지와 사랑을 실현해 나가는 이야기 (글 : 황선미, 그림 : 김환영, 사계절)

닭장에 갇혀 알을 낳는 일만 강요당하는 양계장의 암탉, 힘겨운 일이지만 병아리를 품어 생명의 탄생을 보겠다는 꿈과 소망을 품고 양계장을 뛰쳐나온다. 마당을 나온 암탉 '잎싹'은 비록 자신의 모습과 다른 아기 오리지만 대신 알을 품어 생명을 탄생시키고 정성과 사랑으로 길러 자유로운 세계로 떠나보낸다. 그리고 자신의 생명을 위협하던 족제비에게 목숨을 내주면서 죽음의 벽을 넘어 또 다른 자유를 이뤄낸다. 온갖 어려움을 극복하고 꿈과 자유를 찾아가는 주인공 잎싹을 통해 삶에 대한 의지와 끈기, 당당함을 배우고 자신이 어떻게 살아야 하는지에 대한 깊은 생각의 기회를 주는, 문학의 감동을 주는 책이다.

2.『별똥별 아줌마가 들려주는 우주 이야기』: 우주를 둘러싼 신비로운 과학적 사실들을 흥미롭게 풀어놓은 이야기. (글/그림 : 이지유, 창비)

이 책은 천문대에 아이들과 직접 올라가서 함께 별을 관찰하며 들려주는 우주 이야기이다. 천문학을 전공한 사람이 들려주는 이야기여서 우주에 대한 지식, 천문학 관련 자료와 정보를 아이들의 눈높이에 맞추어 쉽게 이해하고 살펴볼 수 있다. 태양계 행성 이야기, 별 이야기, 은하 이야기 등 신비로운 우주에 관한 궁금증을 풀면서 역사, 예술, 문화 등 다양한 분야와 접목시켜 자연스럽게 상식도 키울 수 있다.

〈청소년〉

1.『소나기』: 호기심 가득한 사랑의 이야기를 순수하고 아름답게 표현한 가슴 적시는 성장 소설 (글 : 황순원, 그림 : 강우현, 다림)

이 책은 한적한 시골 마을을 배경으로 소년과 소녀의 순수한 사랑을 담아낸 소설이다. 대부분의 소설에는 갈등이 드러나는데 이 소설은 뚜렷한 갈등 대신 소년과 소녀의 심리 상태가 중심이 된다. 소년과 소녀의 순수한 모습은 개울가, 논, 밭, 원두막 등의 자연 공간에서 수채화처럼 아름답게 묘사된다.

2.『연탄길』: 소중한 우리 이웃들의 아름답고도 슬픈 이야기를 통해 진정한 희망의 메시지를 주는 감동 어린 이야기 (글 : 이철환, 그림 : 윤종태, 랜덤하우스)

이 책은 절망 가운데서도 끝내 그 자리에 주저앉지 않고 결국엔 희망을 찾아 발걸음 떼는 이 책의 주인공들이 특별한 사람들이 아니라 모두 평범한 우리의 이웃들이었다는 데 위로의 비밀이 숨겨져 있다. 동시대를 살아가는 이웃들의 가슴 찡한 리얼 스토리는 그 어떤 감동의 메시지보다도 강력한 치유의 힘을 발휘하고 있는 것이다. 가난하지만 희망을 가지고 살아가는 모습, 고통 속에서도 기쁨을 함께 나누며 살아가는 사람들의 감동 어린 이야기를 통해 아이들의 마음에 희망을 심어주고 자신을 돌아보는 시간을 가질 수 있다.

07

자존감과 자신감을 높이는 책 읽기

훌륭한 건축물을 아침 햇살에 비춰보고 정오에 보고 달빛에도 비춰보아야 하듯이
진정으로 훌륭한 책은 유년기에 읽고 청년기에 다시 읽고 노년기에 또 다시 읽어야 한다.

- 로버트슨 데이비스 -

과학 저술가이자 방송인인 아서 밀러의 『천재성의 비밀』이라는 책을 보면, 천재성의 비밀은 '왜?'라는 물음에 있다고 말한다. 천재들은 남들이 지나치는 단순한 것에서도 '왜?'라는 질문을 던진다.

만유인력의 발견도 뉴턴의 궁금증에서 시작되었다고 한다. '사과는 왜 밑에서 위로 떨어지지 않고 위에서 밑으로 떨어질까?'라는 물음이 만유인력을 발견하게 했고, 에디슨도 엉뚱하고 끊임없는 호기심 때문에 세기의 발명가가 되었다. 질문은 상상력을 자극하고 호기심을 충족시키며 적극적으로 사고하게 만든다. 자존감과 자신감도 높아지게 되는 것이다.

독서는 단순히 문자를 읽는다고 해서 이루어지는 것이 아니다. 문자나 문장을 읽는 동안 자신의 지식이나 경험이 머릿속에서 상호작용하면서 깨달아지고 이해되는 과정이다. 아이의 책 읽기는 단순히 문자를 가르치거나 글을 읽는 기술만을 가르치는 것이 아니다.

많은 독서 능력이 개발될 수 있도록 아이에게 독서 경험을 쌓아주는 것이 중요하다. 독서에 있어서 스토리텔링의 방법으로 지도하는 것이 효과적이다. 스토리텔링은 듣는 독서라고 한다. 동화구연이나 동화 그림극, 그림책으로 된 동화책 읽어주기, 동시 낭송, 시 낭송 등 귀로 들으면서 머릿속으로 이해하면서 이미지를 그리게 된다.

뉴욕공공도서관의 아동 봉사부 부장이면서 훌륭한 이야기꾼이었던 프란시스 C. 세이어즈의 말은 이야기와 문학의 관계를 적절히 보여주고 있다. "이야기 들려주기의 문학에 대한 역할은 마치 그림에 대한 그림들의 역할과 같다." 우리가 감상하는 것은 그림이지 그림을 그린 사람이 아닌 것처럼 이야기를 들을 때 관심을 가지는 것은 이야기 그 자체이지 이야기하는 사람이나 이야기하는 기술이 아니다.

독서는 텍스트를 읽고 책 안에서 의미와 지식을 얻어내는 사고 작용이다. 독서의 모든 내용과 활동은 지식 활동과 연결되어 있다. 모든 교육적인 교과 학습도 읽는 것부터 시작한다.

잘 읽는다는 것은 잘 배우고 잘 습득한다는 것과 같은 말이다. 독서를 제대로 하지 못한다면 교육의 교과 학습 이해력도 떨어지게 되는 경우이다.

명문가의 독서 비법을 추천한 작가 최효찬은 윈스턴 처칠가, 존에프 케네디가, 네루가, 루스벨트가, 버핏가, 카네기가, 헤르만 헤세가, 박지원가, 존 스튜어트 밀가 등 세계의 명문가들의 독서 교육법을 이렇게 말한다.

첫째, 집 안에 서재나 작은 도서관을 갖추어 자녀를 독서의 서재로 이끌어라.

둘째, 고전을 필독서로 삼아라.

셋째, 과거의 고전과 더불어 당대의 필독서를 조화롭게 읽혀라.

넷째, 끌리는 책을 먼저 읽게 하라.

다섯째, 독서를 한 후에는 토론을 시켜라.

여섯째, 독서에 그치지 말고 글쓰기도 병행하게 하라.

일곱째, 어릴 때 역사와 민담 같은 이야기를 많이 들려주어라.

여덟째, 책 속에 머물지 말고 여행을 하면서 견문을 넓혀라.

내 아이의 건강한 자존감은 어릴 때부터 부모가 보듬어주는 사랑의 마음과 확신으로 형성되고 만들어진다. 타인의 시선보다는 스스로 만족하는 아이로 키우도록 하자.

"엄마는 너의 있는 모습 그대로를 사랑한단다.", "엄마는 네가 엄마의 자식이라는 게 자랑스럽다." 등의 말로 아이의 자존감을 높여주어야 한다. 아이의 말을 잘 경청해주고 공감해주면 따뜻한 대화를 통해 아이의 자존감과 자신감이 높아지게 된다.

나연이가 어렸을 때 공부나 책 읽기에 대한 방식에 대해서 아이를 엄마의 통제하에 두어야 바람직하다고 여겼었다. 공부 습관을 어릴 적부터 잡아줘야 한다는 생각에 나의 계획을 아이에게 강요하기도 했다. 하지만 고학년으로 아이가 올라갈수록 잘못됐다는 것을 알게 되었다. 강요로 수동적으로 공부를 하는 아이들은 쉽게 지친다. 왜 공부를 하는지도 모르고 어떻게 하는 것이 자신에게 맞는지도 고민하지 않았기 때문이다.

아이에게 공부 습관을 심어주기 위해서는 엄마도 일관성 있는 잣대로 아이를 대하고 꾸준히 실천해나가야 한다. 매일 변화하는 기분이나 감정에 따라 아이를 대하는 태도가 달라지지 않도록 주의해야 한다. 부모가 아이를 학교와 학원에만 의존해서는 안 된다.

예를 들면 '숙제 다 했어?' 식의 지시만으로는 아이를 통제할 수 없고, 생활 태도도 잡아줄 수 없다. 부모가 바빠도 아이의 일과에 대해 수시로 이야기하고 독서와 공부 습관을 돌봐줘야 한다.

『사피엔스』 저서에 보면 고타마는 다음과 같이 통찰했다. 마음은 무엇을 경험하든 대개 집착으로 반응하고 집착은 항상 불만을 낳는다. 마음은 뭔가 불쾌한 것을 겪으면 그것을 제거하려고 집착하고, 뭔가 즐거운 것을 경험하면 그 즐거움을 지속하고 배가하려고 집착한다.

그러므로 마음은 늘 불만스럽고 평안에 들지 못한다. 이 사실은 우리가 고통 같은 불쾌한 경험을 할 때 매우 분명해진다. 고통이 지속되는 한 우리는 불만스럽고, 고통을 피하기 위해 할 수 있는 무엇이든 한다. 하지만 우리는 즐거운 일을 경험해도 결코 만족하지 못하고, 즐거움이 사라질까 봐 두려워하거나 더 커지기를 희망한다.

사람들은 사랑하는 사람을 찾기를 몇 년씩 꿈꾸지만, 실제로 찾았을 때 만족하는 일은 거의 없다. 상대가 떠날까 봐 전전긍긍하는가 하면 좀 더 나은 사람을 찾을 수 있었는데 너무 값싸게 안주했다고 느낀다.

위대한 신들은 우리에게 비를 보낼 수 있고, 사회제도는 정의와 좋은 의료를 제공할 수 있으며, 우연한 행운은 우리를 백만장자로 만들어 줄 수 있다. 하지만 이 가운데 어느 것도 우리의 기본적 정신 패턴을 바꾸지는 못한다. 가장 위대한 왕이라 할지라도 슬픔과 번민으로부터 끊임없이 달아나며 더 영원히 큰 즐거움을 뒤쫓는 번뇌 속에 살 운명이다.

독서 치료 전문가 조지프 골드스타인은 아이들의 책 읽기와 관련해서 이런 말을 남겼다.

"놀라운 점은 필요한 책을 찾아내는 방법을 잘 몰라도 사람들이 결국 그것을 찾아낸다는 것이다. 그리고 더 중요한 것은 사람들이 '자기가 읽은 것에서 자기가 필요로 하는 것을 발견한다'라는 것이다. 특정한 소설에서 받은 감동적인 인상은 사람에 따라 다르다. 중요한 요소는 독서를 할 때의 심리 상태, 분위기, 필요이다."

08

똑 부러지게 표현하는 아이로 키우는 법

마음 속의 아름다움이란 그대의 지갑에서 황금을 끄집어내는 것보다는
그대의 서재에 책을 채우는 일이다.

– 존 릴리 –

아이가 어렸을 때 부모가 아이 말을 따라 하는 경우가 있다. 아이의 말
을 그대로 따라 하는 것이지만 아이의 말에서 틀린 발음이나 틀린 문법
을 바로잡아 주고 아이가 말로 표현하지 못한 말을 엄마가 대신해주어
아이의 욕구를 풀어주는 역할을 해주어야 한다고 한다. 아이가 틀린 말
을 하더라도 지적을 하기보다는 말을 완성해주어야 한다. 의욕을 꺾는
말보다는 완성해줄 수 있는 단어를 알려주어야 한다.

부모들이 저지르는 실수 중 하나는 아이에게 대답할 기회를 주지 않는
다는 것이다. 부모들은 아이에게 질문을 던져놓고 빨리 대답하기를 기대
한다. 그래서 아이들에게 대답을 재촉하거나 아이가 할 대답을 대신 말

한다. 아이에게 질문하고 대답할 시간을 여유 있게 주어야 한다. 여유가 생기면 아이들이 대답하는 문장의 길이가 길어지고 많은 어휘의 단어를 사용하게 된다.

대문호 톨스토이에게 유명한 일화가 있다.

"작가님, 저는 제 인생을 송두리째 변화시키고 싶습니다. 어떻게 해야 할까요?"

톨스토이는 미소를 지으며 말했다.

"좋은 사람을 만나십시오."

그 청년은 고개를 갸우뚱거리며 말했다.

"제 곁에는 좋은 사람이 없는데 어떻게 하죠."

톨스토이는 망설임 없이 대답했다.

"그렇다면 좋은 책을 많이 만나십시오. 그것이 당신의 인생을 바꾸는 최고의 지름길입니다."

내 아이의 특성에 맞는 독서법, 내 아이의 연령과 발달 단계에 맞는 독서법을 선택해서 적용하는 부모의 역할이 중요하다.

아이를 키울 때 다른 형제와 비교하는 것이면 안 된다. 또 아이의 특성이 아닌 세상의 잣대에 맞춰 아이를 재단해서는 안 된다. 아이의 학습 속도나 성취도를 남과 비교하는 행동은 아이의 사고력과 표현력을 망치는 지름길이 된다. 현명한 부모는 자신의 속도가 아닌, 아이의 속도에 맞춰 기다릴 줄 안다. 아이가 잘못했을 경우 체벌보다는 칭찬을, 단점보다는 장점을, 성적보다는 개성을 더 중요하게 여겨야 한다.

아이를 키울 때는 아이가 자기표현을 효과적으로 하고 있는지를 잘 관찰하고 좋은 자극을 제공해주어야 한다. 겸손하면서도 똑 부러지는 자기 표현은 성장하면서 어른이 되어도 아이가 무슨 일을 하든지 큰 힘이 되는 덕목이다. 부모는 아이들이 스스로 생각하고 자신의 생각을 정확하게 표현하는 습관을 들일 수 있도록 어릴 때부터 다양한 기회를 많이 만들어주어야 한다.

책을 읽는 대신 학원에서 문제 유형을 익혀 당장은 점수를 올릴 수 있을지 모르나 이런 지식은 시험이 끝남과 동시에 사라져버린다. 하지만 아이가 스스로 의욕을 갖고 한 책 읽기나 공부는 시험이 끝난 뒤에도 차곡차곡 쌓여 실력으로 남는다. 엄마는 아이가 마음속에 스스로 책 읽기에 대한 의욕을 갖고 '해야만 한다'라는 동기를 세우도록 지도해야 한다.

논술이란 자신이 가지고 있는 기본 지식을 바탕으로, 주어진 문제를 자신의 가치관에 따라 주관적으로 해석하여 나름의 해결책을 제시하는 글을 뜻한다. 주어진 문제에 대하여 자신의 견해나 주장을 내세우고 합리적인 근거를 밝혀 읽는 이를 설득하는 글을 말하는데 논술은 누구나 자신의 수준에 맞기 쉽게 접근할 수 있는 글로 이해되어야 한다.

첫째, 제시문 해석 능력을 갖추어야 한다.

둘째, 문제 파악 능력도 필요하다. 문제 파악 능력을 기르기 위해서는 사회 전반의 시사에 관한 관심과 올바른 역사 인식이 필요하다.

셋째, 원인 파악 능력을 갖추어야 한다. 여러 가지 사회 문제들이 왜 일어났는가, 또는 왜 일어날 수밖에 없는가에 대한 파악 능력을 갖추어야 논술을 쓸 수 있다. 원인 파악 능력을 향상하기 위해서는 먼저 삶의 근본 문제에 대한 성찰과 의식이 필요하다. 논술 문제의 내용은 우리가 어떻게 하면 인간답게, 행복하게 살 수 있는가로 집약된다. 논술은 삶의 근원적인 문제를 드러내고 그에 대한 성찰과 올바른 의식 체계를 답하는 것이라 할 수 있다. 그러기 위해 고전과 철학과 역사에 대한 안목과 지식을 넓혀야 한다.

 넷째, 문제 해결 능력을 길러야 한다. 논술이 다른 글과 다른 점은 바로 설득력 있는 해결책을 제시하는 데 있다. 논술이 다른 글과 다른 점은 항상 풀어야 할 문제점이 있다는 것이고, 동시에 그 문제를 창의적이고 독창적인 방법으로 해결 방식을 제시하는 것이 논술이다. 새로운 관점을 가지고 해결하는 데 적절한 논거를 제시하는가, 해결 방식이 명료한가, 그와 동시에 읽는 이를 설득하는 힘은 있는가 등이 논설 평가의 기준이다. 문제 해결 능력을 키우기 위해서는 상당한 독서 수준과 독서력을 갖추어야 한다. 적절한 논거를 제시하는 일, 명료한 해결 방식을 선택하는 일, 읽는 이를 설득하는 일은 풍부한 독서력과 독서 수준에 의해서만 가능하기 때문이다.

 다섯째, 글쓰기 능력을 배양해야 한다. 일반적인 글쓰기의 절차를 몸에 익혀야 하고, 어휘력·문장력·구성력·개요 작성 능력 등도 갖추어야 한다. 그러나 논술은 일반 글쓰기와 같으면서도 다른 점이 있다. 그 다른 점의 중심에는 논증력, 논증적인 기술 능력이 있다. 논술도 일반적인 글의 한 종류이므로 설명, 묘사, 서사의 기술 방식이 모두 동원되며,

문체·수사법 등 일반적인 글이 갖추어야 할 모든 것을 갖추어야 한다. 그러나 논술을 논술답게 하는 것은 논증이고, 논증의 힘이다. 독서를 하고 나면 논술에 대하여 잘 표현할 수 있는 능력을 키워줘야 한다.

『철학은 어떻게 삶의 무기가 되는가』의 저서를 보면 우리는 항상 이해력이 빠른 아이를 사랑하는 한편, 좀처럼 실력이 늘지 않는 아이는 아주 짧은 기간 내에 포기하는 나쁜 습성을 갖고 있다. 이런 일이 일어나는 까닭은 교육을 위한 비용이 무한하지 않기 때문이다. 회사에서의 교육 투자든 사회 자본으로서의 교육 기회든 모두 마찬가지다.

우리는 비용 대비 효과가 더 높은 아이에게 교육 투자를 몰아주는 경향이 있다. 초기의 성적 결과에 따라 잘하는 아이에게 더 좋은 기회가 주어지고 그 결과 성적이 더 올라간다. 반면 첫 타석에서 좋은 성적을 내지 못한 아이는 점점 더 힘든 여건으로 내몰리기 십상이다. 이런 일이 계속되다 보면 세상 물정에 밝은 아이만 조직에 받아들여지게 되고, 어느 정도 능숙해지는 데 시간이 걸리지만 본질에서 사물을 이해하려고 애쓰는 아이 즉 혁신의 종자가 될 아이디어를 낼 수 있는 사람은 소외시키게 될 가능성이 있다.

3 장

육아가 힘들다면 원칙이 흔들리는 것이다

01

아이를 성장시키고 단단하게 해주는 엄마의 말 습관

똑똑한 사람들은 일을 잘하고,
바보들은 일을 열심히 한다.

— 미상 —

아이는 엄마의 말 습관에 많은 영향을 받는다. 엄마가 "안 돼.", "하지 마.", "위험해."라는 부정적인 말을 많이 사용하게 되면 아이도 "싫어요." 라는 말로 반응을 하게 된다. 아이에게 금지의 표현보다는 "~하면 어떨까?", "~해줄 수 있어?"라는 권유의 말로 바꾸면 아이는 부정적인 반응을 하지 않게 된다.

엄마가 아이에게 부정적인 말을 자주 하거나 지시하거나 명령을 하고 장황하게 설교를 늘어놓으면 안 좋은 영향을 끼치게 된다. 다른 아이와 비교해도 안 된다. 칭찬은 여러 번, 꾸중은 한 번만 해야 한다. 아이에게 는 질문과 반응도 바로 해주어야 한다. 아이의 말을 잘 받아주고 들어주어야 한다.

EBS 〈아이의 사생활〉 제작팀의 『아이의 사생활 1』을 보면 사소한 이야기란 아이와 엄마 사이에 아무런 심리적 이해관계가 적용되지 않는 이야기, 쉽게 말해서 말하는 사람의 생각이 드러나지 않는 이야기다. 예를 들어 "꽃이 피었구나.", "바람이 차구나." 같은 이야기인데, 혹시라도 추우니까 나가지 말라는 식의 훈계조가 되지 않도록 주의한다. 이런 사소한 이야기를 아이와 허심탄회하게 나누면, 아이는 스스로가 엄마와 동등한 대화의 상대로 존중받고 있음을 느낀다.

아이와의 관계에 있어서 대화는 매우 중요하다. 대화는 아이와의 관계를 증진시킬 뿐만 아니라 부모는 부모 자신을 되돌아보고, 아이 또한 그 자신을 되돌아보게 한다. 좋은 부모는 아이와 대화를 많이 하는 부모다. 아이와 대화를 잘하려면 의식적으로 대화거리를 만들어야 한다. 책이나 신문을 활용한다면 대화의 화제가 풍성해진다. 부모가 먼저 신문이나 책을 보며 대화의 화제를 찾는 노력을 해야 한다. 책을 읽을 때 마음에 드는 인용구를 10개씩 적어보는 것도 좋은 방법이다. 앞의 글에서 언급한 내용은 다산 정약용이 실천한 생산적인 독서 방법인 '초서(抄書)'다. 신문 기사를 놓고 아이와 이야기를 나누다 보면 자연스럽게 대화가 열리고 토론으로 이어질 수 있게 된다.

다른 방법은 아이가 책을 읽은 다음 읽은 책의 내용을 정리해 부모 앞에서 발표하게 하는 것도 좋은 방법이다. 책의 내용에서 얻을 수 있는 교훈과 메시지가 무엇인지, 일상에서 자기 생각과 행동에서 응용할 수 있는 게 무엇인지를 정리하면 좋다. 아이의 책에 대한 발표가 끝나면 부모는 그동안 겪어왔던 경험과 책의 내용을 토대로 지혜로운 이야기를 들려주면 좋다.

아이의 성장 과정에서 부모의 사랑은 중요하다. 부모의 따뜻한 사랑을 통해 아이는 정서적인 안정을 느끼고 자신이 귀한 존재라는 것을 확인하게 된다. 부모의 사랑을 충분히 받은 아이는 심리적으로 안정되고 자긍심과 자존감을 가지며 타인과의 관계에서도 원만한 관계를 유지하고 사회생활도 성공적으로 하게 된다.

아이를 대할 때는 감성이 아닌 이성적으로 대해야 한다. 이야기도 설득력이 있게 해야 한다. 지금 당장 아이가 정확하게 이해하지 못하더라도 모든 것에는 원인과 결과가 있다는 것만 알 정도라도 설명해주면 된다. 엄마의 말 습관을 통해 쌓인 논리는 아이의 성장에서 이론적으로 과학적 사고의 기반이 된다.

나의 아들이 성장해가면서 점점 말을 듣지 않기 시작했다. 같은 말을 여러 번 반복해서 하게 되었다.

"너한테 몇 번 말해야 알아듣겠니?"

내가 하는 말도 문제가 있었다. 나의 말에 설득력이 없다는 듯이 아이는 꿈쩍을 하지 않고 자신의 행동만 하고 있었다.

나는 잔소리하고 아이는 먼 산 쳐다보는 경우였다. 아이들을 야단칠 때는 나의 감정을 드러내지 않고 논리를 세워서 설득해야 한다. 아이가 설득하는 데도 꿈쩍하지 않는다면 소리 지르고 야단치면 안 되고 스스로 알아서 하게 만드는 작전으로 돌입해야 한다. 무관심하게 차갑게 대하는 방법을 쓰는 것도 괜찮다. 얼굴을 마주 대하고 엄마가 화를 낸다고 통하는 아들이 아니다. 차근차근 설득하거나 차갑게 대하는 등 여러 가지 다양한 방법을 써야 한다.

아이의 자존심과 자립심 능력을 훼손하는 비판 방식의 말은 좋지 않으니 엄마는 말할 때 경계해야 한다. 사람이 말을 잘하느냐 못하느냐는 무엇을 말하느냐가 아니라 어떻게 말하느냐에 달려 있다고 한다. 아이의 자존심을 보호하고 능력과 자립심을 키워주려면 적합한 방식으로 말해야 한다.

아이의 행동 때문에 화가 나는 상황에서 야단을 쳐야 하는 말을 할 때 "뉴턴 같구나."처럼 농담으로 푸는 비판 방식을 이용하게 되면 아이가 자존심 상하는 일 없이 자신의 잘못을 깨닫게 된다고 한다. 이 말은 아이를 이해하고 아이의 재능에 상을 주는 의미도 있어서 아이가 비교적 말을 잘 듣게 된다고 한다.

아이가 덜렁대거나 실수를 했을 때 문제를 지적하거나 꾸짖고 화를 자주 내게 되면 잔소리로 여기게 된다. 아이가 경험을 쌓고 잘 성장할 수 있게 인내심을 가지고 기다려 주어야 한다. 자존감이 있고 자신감이 높은 아이는 사랑받고 존중받는 느낌을 알기 때문에 스스로 주의하게 된다. 내 아이를 이해하려면 장점만 칭찬하지 말고 단점에 대해서도 잘 대처해야 한다.

아이는 자기 이야기를 잘 들어주고 반응을 해주면 '통했다'라는 느낌의 만족감으로 더 얘기하려고 한다. 반대로 "그 이야기는 틀렸어."라고 부정을 하거나 귀 기울여 주지 않으면 상대방과 더 이상 이야기하려고 하지 않는다. 공감은 의사소통이 기본이다. 아이들은 의사소통이 원활할 때 부모와 대화를 시작하려고 한다.

아무리 시시한 이야기를 해도 부모가 웃으면서 들어준다면 아이는 공감했다는 만족을 얻고, 부모가 반응이 없고 시큰둥하다면 무시당했다는 느낌을 받는다. 아이가 말할 때는 바로 들어주고 응대해주어야 한다. 아이의 시시한 이야기에도 귀 기울이고 웃어주는 엄마의 반응은 내 아이의 표현력과 감성을 풍부하게 길러주게 되는 비결이 된다.

엄마는 자신의 아이에게 긍정적인 기대를 표현하고 꾸준히 칭찬해주고 격려해주는 말 습관을 갖는 것이 중요하다. 아이의 행동과 생각에 대해서는 놀람과 기쁨을 적극적으로 표현해주는 것이 좋다. 부모와 아이가 긍정적인 감정을 나누고 대화를 나눈다면 이후의 대화는 편안해진다. 아이를 성장시키고 단단하게 해주는 엄마의 말 습관을 지니려면 남들을 따라 하는 것이 아니라 아이의 마음을 움직일 수 있는 자신만의 방법을 세워 원칙을 정해 실천한다.

02

내 아이의 성격과 기질을 파악하자

교육의 목적은 아이들이 일생을 살아가는 동안
자기 자신을 스스로 교육할 수 있도록 준비시키는 것이다.

– 로버트 허친스, 미국의 교육가 –

가드너는 사람에 따라 지능의 향상 속도에는 차이가 있다고 말한다. 이는 선천적인 두뇌의 능력에 차이가 있다기보다는 두뇌 계발 활동에 대한 흥미도나 적극성의 차이에서 기인한다. 이런 차이를 인정하되 각각의 아이를 비범하게 키우는 방법이 바로 강점지능을 살리는 교육이라는 것이다. 반면 아이의 강점지능을 무시하고, 똑같은 방법으로 다가갈 경우, 오히려 아이들은 학습에 흥미를 잃어버리기 쉽다. 더불어 강점지능마저도 제대로 발전시키지 못할 가능성이 크다고 한다.

『창가의 토토』의 저자 구로 야나기 데츠코는 어린 시절 학교에 적응하지 못했다. 『창가의 토토』에서 묘사된 소녀는 호기심이 왕성하고 활발하며 주위에서 일어나는 일에 시선을 빼앗겨 수업 중에 자기도 모르게 창가로 달려가 밖에서 일어나는 일을 보고 환호성을 지르기도 했다고 한다. 일본의 군국주의 학교 교육에 어울리지 않는 아이였다.

시인이나 작가, 과학자, 실업가들의 전기를 보면 어린 시절 개구쟁이이거나 호기심이 왕성하고 상식적인 생각에 얽매이지 않는 사람들이 많았다. 아이들이 어렸을 적에 보이는 천진난만함, 활동성, 호기심과 상식에 얽매이지 않는 자유로운 발상들을 잘 살려주면 아이에 대한 관점이 바뀌어 좋은 장점이 될 수 있다.

아이를 강하게 키우려면 아이의 현실을 정확히 인식해야 한다. 부모의 역할과 임무가 무엇인지 알아야 한다. 아이의 성격과 기질을 이해하기 위해서는 부모가 아이에게 무엇을 어떻게 해주어야 하는지 정확히 짚고 넘어가야 한다. 부모는 아이의 현실을 객관적으로 인지하는 것이 중요하다. 면밀한 관찰과 세심한 주의를 통해 아이의 문제가 무엇인지 정확하게 알고, 원인이 아이에게 있는 것이 아니라 부모의 욕심이라는 것을 간과하면 안 된다.

조망 수용(perspective taking)이라고 부르는 기술을 어릴 때부터 가르쳐야 한다. 타인의 입장에 놓인 자신을 상상하는 것으로, 타인의 의도나,

태도 또는 감정, 욕구, 생각, 감정, 지식을 추론하는 능력이다. 피아제는 전조작기 아동(2-7세)들의 주요 특성으로 자아 중심성(egocentrism)을 제안하면서 이 시기의 아동들은 조망 수용 능력 발달이 미숙하다고 했다. 조망 수용을 배운 아이는 어른이 되어도 자연스럽게 타인의 감정을 이입해 깊게 공감하고 협력하게 된다.

아이에게는 일찍부터 책 읽기, 놀이, 산책, 이야기 등을 해주는 것이 좋은 방법이다. 스토리텔링 기법은 '사회상황 이야기' 즉 사회적 상황을 해석하고 이해하는 데 도움을 줄 수 있는 개별화된 짧은 이야기이다. 아이가 예측할 수 없는 새로운 환경에서 불안해할 때, 상황에 대해서 어떻게 행동하면 되는지를 이야기를 통해 알려주는 방법이다. 아이가 앞으로 겪게 될 일을 예측할 수 있도록 도와준다. 이야기하는 습관을 들이게 되면 모든 것을 이야기로 가르칠 수 있게 된다고 한다.

육아에서도 부모는 어제의 나를 이기고 성장하는 마음가짐이 필요하다. 아이들이 원하는 목표를 정하고 이를 달성하기 위한 길을 찾아주도록 돕는 것이 부모의 자세다. 장애물을 넘을 기회를 제공하고 지지해주고 피드백을 주고 다시 노력할 수 있도록 격려해주어야 한다. 아이가 시행착오를 겪더라도 스스로 강해지는 경험을 하게 해야 한다. 이 모든 것은 부모의 사랑이 있어야 한다는 것이다.

아이가 문제에 직면했을 때 "어려움과 괴로움은 잠시일 거야. 영원하지 않단다."라고 말해준다면 아이는 기운을 차리게 될 것이다. 아이들은 괴로운 순간을 걱정하며 괴로운 순간이 계속될 것이라고 믿는 경향이 있다. 차나 비행기로 장거리 이동을 할 때 도착지까지 아이가 5분마다 "시간이 얼마나 남았어요?"라고 묻는 것이다.

지루함과 배고픔을 참지 못하는 것도 같은 이유 때문이다. 아이들은 순간에만 집중한다. 아이에게는 앞으로의 시간을 설명해주는 것이 필요하다. 앞으로 얼마나 신나는 일이 많이 일어날지 알려주어야 한다. 아이들은 지금과 미래를 따로 떼어 생각하지 못한다.

「역설의 계명」

― 켄트 M. 키스(Kent M. Keith)

사람들은 때로 분별이 없고 비논리적이고 자기중심적이다.
그래도 용서하라.
내가 선을 행할 때, 사람들은 이기적인 속셈이 있다고
비난할지 모른다.
그래도 선을 행하라.

네가 성공하면 거짓 친구와 진정한 적을 얻을 것이다.

그래도 성공하라.

네가 정직하고 솔직하면, 사람들은 너를 속일 것이다.

그래도 정직하고 솔직하라.

네가 몇 년에 걸쳐 공들여 이룩한 것을 누군가 하룻밤 새

무너뜨릴지도 모른다.

그래도 공을 들여 무언가 이룩하라.

네가 평온과 행복을 얻으면, 그들의 질투를 살 수도 있다.

그래도 행복하라.

네가 오늘 선을 행하면, 내일은 잊힐 것이다.

그래도 선을 행하라.

세상에 가진 전부를 주어도, 부족하게 느낄 것이다.

그래도 세상에 전부를 주어라.

최종판단은 너와 신 사이의 일이지

너와 타인 사이의 일이 아니다.

아이의 문제 행동이 고쳐지지 않는 이유는 세상이 재미있는 곳이라는 느낌의 감정을 기반으로 부모와 상호작용이 이루어지지 않아서다. 아이의 감정이 충분히 일어난 상태에서 감정을 기반으로 부모와 공유하게 된다면 자연스럽게 고쳐지게 된다. 솔직하게 감정을 표현하고 자란 아이들

이 성격이 좋아지게 되고 자연스럽게 사람들과 잘 어울리게 되고 배려하고 공감하는 능력을 갖추게 된다.

03

아이를 잘 키우기 위해 엄마의 성장이 먼저다

아이에게 호기심을 일으켜 스스로 공부하도록 지도한다면
아이는 평생 동안 학습을 계속할 것이다.

- 어니스트 홈스, 미국의 종교학자 -

명상하는 이들 사이에 자주 얘기되는 '인디언 우화'가 있다. 체로키 인디언 할아버지가 손자와 나누는 대화다. 주제는 인간의 내면에서 벌어지는 선과 악의 다툼. 할아버지 손자의 대화치고는 제법 심오하다. 할아버지가 손자에게 이렇게 말했다.

"애야, 다툼은 우리 모두의 내면에 있는 두 마리 '늑대' 사이에서 벌어진단다. 한 마리는 악한 늑대지. 악한 늑대는 분노, 시기, 질투, 슬픔, 유감, 탐욕, 오만, 죄의식, 열등감, 거짓, 거만함, 우월감, 그릇된 자존심이란다."

할아버지는 다른 한 마리의 늑대에 대해서도 함께 알려준다.

"다른 한 마리는 착한 늑대다. 착한 늑대는 환희, 평화, 사랑, 희망, 평온, 겸손, 친절, 자비심, 공감, 관대함, 진실, 연민, 믿음이란다."

할아버지의 이야기를 들은 손자의 질문이 당돌하다.

"어느 늑대가 이기나요?"

할아버지의 대답이 절묘하다.

"네가 먹이를 주는 놈이 이기지."

– 크리스토퍼 거머, 『오늘부터 나에게 친절하기로 했다』

소개한 우화에는 인디언 문화의 오래된 지혜가 담겨 있다. 엄마는 아이를 돌보기 전에 자신을 먼저 돌봐야 한다. 마음 챙김의 명상을 통해 마음의 크고 작은 스트레스를 줄여나가야 한다. 마음에서 일어나는 스트레스는 육체의 질환으로 연결될 수도 있다. 마음 챙김 명상으로 스트레스를 줄이는 연습을 하게 되면 마음과 몸이 건강한 출발이 된다.

십 대 아이를 바꾸려고 노력하기보다는 엄마 자신이 바뀌려고 노력해야 한다. 아이는 더욱 배려하게 되고 책임감 있고 능력 있는 사람으로 성장하게 될 것이다. 아이에게 장기적으로 가장 무엇이 좋은지 생각해본다면 타인의 시선에 신경 쓰고 걱정하기보다는 아이의 편에서 무엇이 제일 나은 방법인지에 대해서 생각해봐야 한다.

레프 니콜라예비치 톨스토이는 『안나 카레니나』의 첫 문장에서 "행복한 가정은 모두 엇비슷하고 불행한 가정은 불행한 이유가 제각기 다르다."라고 표현했다. 한 가정의 행복과 자녀 교육 성공의 중심에는 밝고 낙천적이고 긍정적인 엄마가 있다는 말로 생각할 수도 있다. 자녀 교육에서 엄마의 중요성을 강조한 말이다.

부모가 되어서 아이를 키운다는 것은 엄청난 숙제다. 지난 시간을 되돌리지는 못하지만, 아이가 성장해감에 따라 후회하고 시행착오를 거치면서 서툰 부모의 역할이 시작되는 것이다. 나쁜 부모는 있어도 나쁜 아이는 없다고 한다. 부모의 환경에 절대적으로 지배를 받는 아이들은 스펀지처럼 지식을 습득해가며 적응해나간다.

로마의 철학자 세네카는 분노를 억제하는 가장 좋은 방법은 분노가 치밀어 오르는 것을 느끼면 아무것도 하지 말고 가만히 있는 것, 걷지도 말고 움직이지도 말고 말도 하지 않는 것이라고 말했다. 또한 몸과 혀를 다스리지 못하면 분노는 점점 더 커질 것이라고 했다.

세네카는 또 화내는 버릇을 없애려면 다른 사람들이 화를 낼 때의 모습을 잘 살펴보는 것이 좋다고 말했다. 그 사람이 화를 내고 있을 때의 모습, 즉 마치 술 취한 사람이나 짐승처럼 붉어진 얼굴, 증오에 찬 추한 표정으로 불쾌한 목소리를 꽥꽥 지르며 더러운 말을 뱉어내는 모습을 보고, 나는 저런 추태를 부리지 않아야겠다고 생각하라고 했다.

철학자 니체는 『차라투스트라는 이렇게 말했다』에서 삶의 진정한 주인이 되는 인간은 3단계로 정신이 진화한다고 말한다.

1단계는 삶에 놓인 고통이라는 짐을 기꺼이 짊어지고 사막을 걸어갈 수 있는 끈기 정신을 가진 '낙타'이다.
2단계는 단순히 고통을 인내하는 것을 넘어 세상의 문제와 맞서 싸우는 투쟁 정신을 가진 '사자'이다.
궁극의 3단계는 1~2단계 정신을 바탕으로 새로운 가치와 규범을 만들어내는 창조 정신을 가진 '어린아이'이다.

미국의 시인이자 철학자 랠프 왈도 에머슨은 시 「무엇이 성공인가」를 통해, 참된 성공이란 의미 있는 삶을 찾아가는 과정이라고 강조했다.

자주 환하게 웃는 것

지혜로운 사람들의 존경을 받고

아이들의 사랑을 받는 것

솔직한 비평가들의 칭찬을 받고

그릇된 친구들의 배신을 견뎌내는 것

아름다움을 올바로 아는 것

다른 사람들 안에 있는 최선을 찾아내는 것

자녀를 건강하게 키우든,

작은 정원을 아름답게 가꾸든,

이웃의 아픔을 치유하든

무언가 조금이라도 낫게 해놓고 세상을 떠나는 것

당신의 삶으로 인해 누군가는 더 편하게 숨 쉴 수 있다는 사실을 깨닫는 것 이것이 바로 완전한 성공이다.

심리학자 마크 엡스타인은 『트라우마 사용설명서』에서 '순수한 주의집중'이야말로 트라우마를 치유하는 첫 번째 단계임을 강조한다. 어떤 미화도 과장도 없이 추이를 있는 그대로 관찰하기. 이것은 말처럼 쉽지가 않다. 우리는 자꾸 자기 마음을 판단하고 과장하고 해석하는 데 길들어 있기에 그 익숙한 습관을 거부하고 마음의 천변만화한 움직임을 그저 흘러가는 대로 바라보는 훈련이 필요하다고 한다.

아이에게 엄마의 신뢰를 전달할 때에는 아이의 '행동'에 초점을 맞추어야 한다. 아이가 막무가내로 떼를 쓰는 경우가 발생할 때, 잘못된 방법을 쓴 주체는 아이이며 그러한 결과 때문에 엄마가 이러한 결정을 내렸다는 것을 아이에게 이해시켜 주어야 한다. 그리고 아이가 다음 행동에서 더 나은 행동을 선택할 수 있도록 기회를 주어야 한다.

'네가 더 나은 행동을 하리라고 믿는다'는 믿음을 주고 격려해주어야 한다.

04

엄마 육아는 졸업이 없다

성공이 행복의 열쇠가 아니라, 행복이 성공이 열쇠다.
당신의 자녀가 자기 일을 사랑하게 된다면 틀림없이 성공할 것이다.

— 허먼 케인, 미국의 사업가 —

일반적인 십 대 양육 방법에 있어서 아이가 엄마의 바람대로 성장하지 않으면 아이를 통제해야 한다고 생각하게 된다. 또한 엄마의 역할을 제대로 하지 못하는 것으로 생각하기도 한다. 엄마는 아이가 나쁜 사람이 되지 않도록 잔소리를 하거나 벌을 주기도 하고 좋은 사람이 되도록 만들기 위해 보상이라는 방법을 선택하기도 한다.

아이에게 스스로 판단하고 책임질 수 있는 결정권을 빼앗는다면 아이는 실수를 통해서 배우며 성장할 기회와 책임감을 배울 기회를 놓칠 수도 있게 된다. 처벌이나 조건 없는 통제는 비효과적인 양육 방식이다. 아이가 어렸을 때는 부모가 내리는 처벌에 관해서 자신의 잘못된 행동으로 인한 결과라고 받아들이며 합리적으로 생각하게 된다. 그렇지만 아이가 청소년이 되어 성장하게 되면 어렸을 때 받았던 처벌에 대해 합리적이지 않다고 생각한다.

『열정과 몰입의 방법』에서 저자인 케네스 토머스는 사람들이 "자기 일에 열정적으로 헌신하고 미칠 정도로 몰입하게 되는가"에 관해 4가지의 조건으로 나눠서 설명했다. 그의 주장에 따르면 사람들은 자신이 가치 있는 일을 하고 있다고 느낄 때, 자신이 업무수행의 선택 권한이 있다고 느낄 때, 자신이 업무수행의 역량이 충분하다고 느낄 때, 마지막으로 자신이 업무를 통해 발전하고 있다고 느낄 때 열정을 발휘해 스스로 몰입한다. 여기서 특히, "자신이 업무수행의 선택 권한이 있다고 느낄 때"에 주목할 필요가 있다.

아이는 부모가 정해주는 길을 가기도 하지만 자율성을 부여할 때 아이는 목표에 도착하는 것을 중요하게 생각하게 되고 나아가는 동안 아이 스스로 책임을 지고 즐기게 된다. 아이에게는 마음껏 동기 부여를 해주고 능력을 발휘할 수 있게 도와주어야 한다.

교세라 그룹의 이나모리 가즈오 회장은 사람의 유형을 가연성(可燃性), 불연성(不燃性), 자연성(自然性)의 3가지로 분류했다. 먼저 '가연성'

인간은 불을 태우기는 하지만 주변 사람들의 영향을 받아야만 타오르는 수동적 유형이다. '불연성' 인간은 주위에서 에너지를 불어넣어줘도 냉소적인 태도를 유지해 잘 타지 않는 사람을 말한다.

'자연성(自然性)' 인간은 누가 시키지 않아도 스스로 잘 타오르고 솔선수범해 타의 모범이 되는 유형이다. 여기에 덧붙여 '소화성(消火性)' 인간을 추가할 수 있다. 말 그대로 불을 태우지도 않을 뿐더러 다른 사람의 열정까지도 꺼버리는, 불연성보다 더욱 부정적인 영향을 끼치는 사람을 뜻한다.

아이가 어느 유형에 속하는지 생각해 볼 필요가 있다. 부모가 시키지 않아도 알아서 잘하는 '자연성'일까? 아니면 부모 말을 듣지 않고 속을 많이 태우는 '불연성'일까? 다른 사람의 의욕을 꺾어놓은 '소화성'일까? 달래주어야 수동적으로 움직이는 '가연성'일까?

엄마의 육아는 졸업이 없다. 아이는 목표와 꿈이 있어야 자연성(自然性) 인간으로 성장하게 된다. 누가 시키지 않아도 스스로 잘 타오르고 솔선수범해 타의 모범이 되는 유형으로 모든 부모가 바라는 인간형일 것이다.

도널드 위니캇은 자녀를 심각하게 망치는 엄마는 놀랍게도 '완벽한 엄마(perfect mother)'라는 사실을 발견했다. 완벽한 엄마가 되려고 하는 부모의 노력이 자녀의 발전을 가로막고 올바른 성장을 방해하는 주범이라는 것이다. 이에 따라 그는 '완벽한 엄마'가 아니라 '충분히 좋은 엄마(good enough mother)'가 되는 것이 바람직한 방법이라고 주장했다.

이 세상에 완벽한 엄마는 존재하지 않는다. 완벽한 아이도 없다. 완벽한 엄마가 있다고 해도 완벽한 엄마가 아니라 아이에게 집착하고 발목을 잡고 있는 것은 아닌지 뒤돌아봐야 한다.

엄마는 아이가 타고난 재능이 무엇인지 지속해서 관찰하면서 아이만의 장점을 발휘하도록 격려해야 한다. 완벽한 아이는 세상에 존재하지 않는다. 완벽한 아이로 키우기 위하여 아이의 약점을 지적하려 하지 말고 강점을 드러낼 수 있도록 칭찬을 많이 해줘야 한다.

아이의 감정에 공감해주는 것이 필요하다. 아이를 자존감 있는 아이로 키우는 데 있어서 제일 중요한 것은 공감이다. 부모가 아이의 장점을 키워주기 위해서는 세밀한 관찰과 적절한 방법으로 공감대를 형성해주어야 한다. 제일 좋은 방법은 아이의 '생각 나누기' 시간을 가지면서 공감을 형성해주면 좋다. 예를 들면 책을 아이와 함께 읽으면서 책의 주인공 마음을 얘기하고 상상의 나래를 펼치며 주인공이 힘든 일을 맞닥뜨렸을 때 어떻게 해결하면 좋을지에 관한 얘기를 아이와 나누는 것이 포인트다.

최효찬의 저서 『5백 년 명문가의 자녀 교육』을 보면 다산 정약용은 유배지의 특수한 상황에도 불구하고 고난과 시름을 달래며 '망한 집안'을 일으키기 위해 두 아들에게 수많은 편지를 보내면서 자녀들의 '매니저' 역할을 톡톡히 했다. 비록 유배된 처지로 땅끝에 가까운 해남에 떨어져 살고 있었지만, 다산은 아버지의 역할과 함께 인생의 선배로서 자녀들의 삶에 지침을 주고 어떻게 살아야 할지 방향을 제시해주었다.

다산은 마치 '가문 컨설팅'을 하듯이 두 아들에게 삶의 지침을 내리고 있다. 자녀들에게 서울에서 10리를 벗어나지 말고, 되도록 서울 한복판에서 살라는 당부에 벼슬길에 오르지 못해도 학문을 게을리하지 말라는 지침을 내림으로써 '가문 관리자'의 진면목을 보여주었다. 실학의 대가인 다산에게서 위기에 처한 가문의 관리자, 즉 CEO로서의 진면목을 엿볼 수 있다고 하겠다.

귀양살이가 장기화되면서 유배지의 서슬 퍼런 통제도 조금 완화되자 다산은 아들을 유배지로 불러 직접 학문을 지도하고 술버릇까지 직접 가르쳤다. 또 자녀들이 때로 독서를 게을리하는 기색이라도 보이면 무지렁

이나 금수로 전락할 수 있고, 그렇게 되면 자손들이 훌륭한 양반 가문과 결혼할 수 없다는 통속적인 비유를 들어가며 자녀들의 분발을 촉구하기도 했다. 다산은 요즘의 '대치동 엄마'에 뒤지지 않는 열정으로 유배지에서도 편지를 통해 자녀들을 교육하면서도 두 아들이 어떻게 살아가야 할지에 대한 가이드라인을 내렸던 셈이다.

결혼 후에도 여성이 육아에 치이지 않으려면 정체성과 독립성을 잃지 않아야 한다. 이를 위해서는 온전히 본인에게 집중할 수 있는 자신만의 공간을 만들어야 한다. 버지니아 울프의 자기만의 방처럼.

오늘날에도 가부장제는 여전히 공고하고, 많은 남성은 가정을 부양하고 많은 여성은 육아와 가사를 맡는다. 육아와 가사로 일을 그만둔 여성은 가부장제 안의 또 다른 혐오와 마주한다. 아이를 낳은 여성은 '위대한 어머니'의 이미지를 뒤집어쓰거나 '맘충'으로 전락하고, 아이가 없는 가정주부는 육아도 경제 활동도 하지 않기 때문에 죄책감에 시달린다.

아이를 다 키운 중년 여성이나 노인 여성은 경력 단절 여성이 되어 낮은 급여의 일을 도맡지만 이들에게 돌아오는 것은 '아줌마', '김여사' 같은 혐오와 멸시다. 도처에 혐오가 가득하지만 이를 해결할 제도적, 구조적 차원의 조치는 묘연하기만 하다. 가부장제 안에서 여성은 엄마로 부인으로 며느리로 딸로 살아간다. 아이에 대한 엄마의 육아는 졸업이 없다. 사회는 여성을 나락으로 몰고 있는지도 모른다.

05

흔들리지 않는 육아의 원칙

새로운 사실을 발견하는 것보다 더 중요한 것은
새로운 사고 방법을 발견하는 것이다.

– 윌리엄 브래그, 영국의 물리학자 –

나다니엘 브랜든(Nathaniel Branden)은 임상 심리학 박사가 된 뒤 지금은 자존감 세우기 운동의 핵심적 역할을 하고 있는 사람으로서, 자존감을 다음과 같이 정의했다.

1. 살면서 부딪칠 수 있는 어려움을 생각하고 극복하는 자신의 능력에 자신감을 갖는 것. (잘 하는 것)
2. 행복해지고, 자신을 가치 있게 느끼고, 자신의 바람과 욕구를 주장하고, 노력의 결실을 즐길 권리에 자신감을 갖는 것. (좋은 기분을 갖는 것)

아이에게 호기심을 가지고 경청하고 질문하는 것은 부모가 아이의 편에 서 있다는 것을 보여주는 것이다. 이러한 부모의 자세가 아이에게 긍정적인 영향을 준다. 아이가 잘못했을 경우 지적하기보다는 다가가서 귀기울여 주는 것이 좋다. 호기심을 가지고 질문하게 된다면 부모는 자신들의 생각대로 아이를 이끌고 가는 것이 아니라 아이 스스로 생각하게하고 자신의 선택에 책임을 질 수 있도록 도와주는 것이다.

아이의 행동이나 언행 때문에 부모가 화가 나는 경우 소리를 지르기보다는 일장 연설을 하고 싶은 마음을 내려놓아야 한다. 먼저 아이에게 다가가 심호흡을 한 뒤에 자신의 속마음, 아이를 사랑하는 마음을 떠올리며 부드러운 목소리로 무슨 일이 있었는지, 왜 그랬는지에 대해 물어봐야 한다.

「아이들에 대하여」

–칼릴 지브란 『예언자』 중에서

당신의 아이는 당신의 아이가 아닙니다.
위대한 생명의 아들딸이지요.

아이들은 당신을 통해 왔지만
당신에게서 온 것은 아닙니다.

아이들은 당신과 함께 있지만,

당신의 것은 아닙니다.

아이들에게 사랑을 줄 수는 있지만,

생각까지 줄 수는 없습니다.

아이들도 저마다 자기 생각이 있으니까요.

아이들에게 육신의 집을 줄 수는 있지만,

영혼의 집까지 줄 수는 없습니다.

아이들의 영혼은 내일의 집에 살고 있으니까요.

아이들처럼 되려고 애쓸 수는 있지만,

아이들을 당신처럼 만들 수는 없습니다.

삶은 되돌아가거나 머물지 않고, 그저 흘러가니까요.

틱낫한 스님은 널리 읽힌 저서 『화(Anger)』에서 현대인들은 온갖 '화'에 둘러싸여 있는데, 화 다스리는 법만 알아도 삶을 즐겁고 행복하게 살아 갈 수 있을 거라 조언하며 여러 방법을 소개했다.

부처가 전해주었다는 이 방법들은, 의식적인 호흡, 의식적으로 걷기,

화를 끌어안기, 우리 지각의 본성을 깊이 들여다보기, 타인의 내면을 깊이 들여다보며 그 사람도 많은 고통을 당하고 있고 도움이 필요함을 깨닫는 것 등이다. 내가 숨을 어떻게 들이마시고 내쉬는 것인지, 내 지각이 어떻게 작동하는지, 그런 것들만 가만히 들여다보아도 충분히 화를 다스릴 수 있다는 것이다. 명상은 거창한 것이 아닌 바로 이런 행위들이라고.

많은 학자들은 만 3세까지는 정서의 기초가 형성되는 시기라서 되도록 가족 구성원과 아이가 충분한 애착 관계를 맺는 것이 좋다고 이야기한다. 엄마도 자신의 감정에 솔직해야 하고 아이에게 자꾸 표현해주어야 한다. 흔들리지 않게 아이를 키운다는 것은 거의 불가능에 가깝다. 아이에게 문제가 생기지 않도록 육아를 한다는 것은 불가능하다. 아이에게 문제가 일어났을 때 엄마는 현명하게 대처하는 방법을 배워서 실천하는 엄마의 자세가 필요하다.

19세기에 프랑스에서 발견된 늑대소년의 이야기가 있다. 늑대소년은 적기에 필요한 자극을 받지 못한 아이는 온전한 사람이 될 수 없음을 전 세계에 증명해 보여 주었다. 여덟 살에 발견된 이 소년은 사람의 말 대신 늑대 울음소리를 냈다. 전 세계의 전문가들이 동원되어 소년에게 교육을 시켰지만 모두 실패했다. 생후 첫 3년과 그 후 3년간의 중요한 시기에 필요한 자극을 받지 못하면, 그 후에 고쳐보려고 해도 소용없다.

사람과 동물의 발달에 중요한 기능을 수행하는 '결정적 시기'가 있다. 오리는 알에서 부화되는 순간 처음 본 어미 오리를 망막에 순간적으로 각인시켜 영원히 기억한다. 새끼 오리들이 어미를 알아보고 뒤를 쫓아다니는 것도 기억 때문이다.

내 아이를 흔들리지 않고 단단하게 키우는 방법은 아이가 서툴더라도 스스로 해결해 낼 때까지 기다려 주는 엄마의 인내심이다. 아이가 작은 도전을 스스로 성취하고 해결해 낼 때까지 기다려 주는 참을성이 필요한 것이다. 아이는 뭔가에 스스로 성공해낸 후에 이어지는 격려와 인정을 엄마에게 받고 싶어 한다. 칭찬으로 행동에서 '쾌락'을 느끼게 된 아이는 도파민의 작용으로 무엇인가를 하고 싶은 동기와 의욕을 느껴 '몰입' 할 수 있는 의지가 생기게 된다.

부모가 지속해서 아이에게 민감하게 반응하고 공감해주면 아이는 부모에 대한 믿음과 가족에 대한 소속감을 느끼게 된다. 아이는 자신의 욕구와 느낌이 완전히 이해받고 있다는 느낌이 들게 되면 다른 사람의 마음을 헤아리게 되는 사회적인 능력을 키울 수 있게 된다. 반면에 부모에게 이해받지 못하면 아이는 소외감과 고립감을 느껴서 부모와 다른 사람에 대한 불안감과 불신을 키워나가게 된다. 부모의 올바른 태도가 아이가 성장하는 데 있어서 다른 사람에게 공감하고 배려하는 능력을 키우게 된다. 부모만의 흔들리지 않는 육아의 원칙을 세워야 아이도 흔들리지 않는다.

06

신나게 노는 아이가 행복한 아이가 된다

아이는 형성되어야 할 뿐 아니라
발견되어야 합니다.

– 딘 하머, 『우리의 유전 인자와 함께 살기』 –

부모는 아이가 스스로 즐기고 보람을 느낄 수 있도록 발견하고 도와주어야 한다. 아인슈타인 박사는 상상력이 지식보다 더 중요하다고 했다. 깊은 사고와 상상은 창의력을 키우고, 창의력은 지적 발전을 위한 원동력이 된다. 흥미나 동기가 없는 상상력과 창의력은 있을 수 없다고 한다.

전 명지대 문화심리학 교수 김정운 박사는 심리학적으로 '창의력'과 '재미'는 동의어라고 주장한다. 사는 게 전혀 재미없는 사람이 창의적일 수는 없기 때문이다. 그는 『노는 만큼 성공한다』라는 책에서 다음과 같이 역설한다.

"성실하기만 한 사람은 21세기에 절대 살아남을 수 없다. 세상에 갑갑한 사람이 근면·성실하기만 한 사람이다. 물론 21세기에도 근면·성실은 필수 불가결한 덕목이다. 그러나 그것만 가지고는 어림 반 푼어치도 없다. 재미를 되찾아야 한다. 그러나 길거리에 걸어 다니는 사람들의 표정을 한번 잘 살펴보라. 행복한 사람이 얼마나 되나. 모두들 죽지 못해 산다는 표정이다. 어른들만 그런 것이 아니다. 21세기의 한국 사회를 이끌어나갈 청소년들의 사는 표정은 더 심각하다."

김정운은 "재미있게 잘 노는 사람이 창의적인 인재가 될 수 있다."라고 강조한다.

"잘 노는 사람은 타인의 마음을 잘 헤아려 읽는다. 따라서 말귀를 잘 알아듣는다. 그리고 잘 노는 사람은 가상 상황에 익숙하다. 놀이는 항상 가상 상황에 대한 상상력을 필요로 하기 때문이다. 잘 노는 사람은 자신을 돌이켜 보는 데도 매우 능숙하다. 나를 객관화시켜 바라보는 능력은 또 하나의 가상 상황에 나를 세워놓는 일이기 때문이다. 결국 잘 노는 사람이 행복하고 잘살게 되어 있다. 그래서 우린 잘 놀아야 한다. 놀이의 본질은 상상력이기 때문이다."

유치원이나 보육 시설에서는 아이의 흥미를 끌어내기 위해 다양한 놀이 요소를 가지고 교육한다. 그래서 아이들은 유치원이나 보육 시설에서 정한 규칙에 따른다. 정해진 답이 있는 셈이다.

아이가 놀이터에서 노는 경우는 다르다. 어떤 아이가 다가와 자기 마음대로 장난감을 가져가기도 하고 그네 타는 순서를 지키지 않기도 한다. 모래성을 만들었는데 무너지기도 한다.

유치원이나 보육 시설에서는 갑작스러운 사건이나 생각지도 못한 일이 잘 일어나지 않는다. 체계적인 유아시설의 보육도 필요하지만 우연한 사건으로 예상 밖의 재미를 맛보고 다양한 감정을 체험할 수 있는 경험을 겪는 것도 좋은 성장의 밑거름이 된다.

아이의 학습 능력을 높여주는 것은 부모의 조기 교육도 필요하지만 유아기에 충분히 놀아본 경험도 중요하다. '놀이'라는 것은 아이 혼자서 TV를 보거나 컴퓨터 게임을 하는 것이 아니라 자연 속이나 놀이터에서 친구들과 어울려 노는 것이다. 아이는 자연 속에서 놀면서 다양한 경험을 하게 된다. 삶의 지혜도 배우게 된다. 친구와 어울리며 혼자서 있을 때는 느낄 수 없었던 재미와 흥미를 알게 되고 친구와 사이좋게 지내는 법도 배우게 된다.

무작정 외운 지식보다는 온몸으로 부딪쳐가며 배운 지식이 더 오래간다. 아이는 놀면서 얻은 경험이 축적되면서 성장하게 된다. 스스로 알아서나 주변 친구들의 영향을 받아서 의식하게 되면 공부해야 되는 시기임을 깨닫고 놀이를 통해 얻은 경험을 상기하고 착실히 공부하게 된다.

신나게 잘 노는 아이는 건강하게 성장한다는 증거다. 아이의 왕성한 에너지는 한시도 가만히 있지 못한다. 아이들은 책상 앞에 앉아 있는 것보다 놀면서 더 많이 생각하고 배운다. 신나게 놀면서 창의력과 상상력을 키워나가게 된다. 놀면서 즐거움을 느끼면 자유롭게 생각하게 되고 아이의 뇌는 좋은 상태로 도파민이 적절하게 분비되어 사고력이 활발해진다.

가정에서 교육의 중요한 핵심은 아이의 마음을 알아주고 존중하는 것이다. 물론 몸도 건강해야 하지만 마음도 건강해야 한다. 아기 때부터 엄마가 아이에게 충분한 사랑을 주어야 하는 부분이다. 아이는 부모의 소유물이 아니다. 엄마가 아이를 사랑하는 마음은 어느 부모나 같지만 사랑을 전하는 방식에 따라서 존중이 플러스가 될 수도 있고 마이너스로 작용하게 될 수도 있게 된다.

자신의 아이지만 어리다는 이유로 무시하면 안 되고 아이도 자신만의 감정과 생각을 가지 인격체라는 사실을 간과하면 안 된다. 엄마가 먼저 아이에게 예의를 갖추고 존중해주면 아이도 자신을 존중하게 되고 타인을 배려하는 마음을 키우게 된다.

아이는 부모가 무엇을 가지고 놀아주느냐보다 어떻게 놀아주느냐가 중요하다. 부모가 즐겁게 놀아준 유쾌한 기억이 긍정적 정서로 자리 잡게 된다. 긍정적 정서와 기억은 아이의 무의식 속에 저장되어 큰 영향을 미친다. 가정에서 부모의 역할은 중요하다. 아이를 둘러싼 환경과 유아기 때의 훈육 방침에 대한 일관적인 방법과 인내심, 생활에 대한 지침 등이 있어야 한다. 부모와 아이가 원활한 소통을 하여 정서적으로 안정이 되어 있어야 한다.

스콧 브라운의 『아이의 협상하는 법』에서 "아이가 무엇을 생각하는지 이해한다면 아이의 마음을 바꾸고 논쟁을 피할 기회가 생긴다."라고 했다. 이해하기 위한 듣기는 지금까지 하던 일을 중단하고 아이가 말하는 이야기에 생각을 집중한다는 뜻이다. 아이의 말에 꼬투리를 잡으면 안 된다. 아이의 진심을 알아주기 위하여 아이와 눈높이를 맞추면서 말에 귀 기울이는 것이 중요하다.

"해도 돼."라는 부모의 말은 아이에게 강한 의지를 키워주게 된다. "해도 돼."라는 말은 아이가 문제 해결 능력을 키우는 데 중요한 말이고 단호한 어조로 "하면 안 돼."라는 말은 인생의 기본 규칙이나 가치와 관련된 문제에서 아이만큼 의지가 굳고 고집이 센 부모가 훈육하는 방식으로 필요하다. "~은 안 돼", "규칙이야", "~은 허락해줄 수 없어."라고 말해야 한다.

아이의 성장 과정은 새롭게 배워 나가는 '자신'에 대한 인식에서 비롯되며 인간관계의 밑바탕이 된다. 아이는 자기중심적으로 움직이다가 성장할수록 자기중심적인 세계관에서 벗어나 자신이 세상의 원인도 아니고 중심도 아니라는 것을 조금씩 인지하게 된다. 타인에게도 감성과 감정이 있으며 이해와 협력을 해야 한다는 것을 배워 나간다. 아이는 선과 악의 기준을 알게 되고 기초적인 가치관도 배워 나가게 된다. 규칙을 배워 나가면서 기준을 알게 되었을 때, 아이의 진심을 알아주면 아이는 새로운 방식으로 조금씩 달라진 모습으로 부모를 대하게 된다.

신나게 노는 아이가 행복한 아이로 연결된다. 아이는 부모의 거울이다. 엄마가 자신과 다른 사람 대하는 것을 보고 타인에 대한 자제력과 존중을 익히게 된다. 아이가 자립을 향해 나아갈 수 있도록 아이의 진심을 알아주게 되면 아이의 자율성이 생기고 소속감이 생기게 된다. 아이의 최초의 인간관계는 자신이고 부모이다.

07

깨달음의 육아가 아이를 달라지게 한다

교육은 '무엇을 알고 있는가'가 아니라 '어떻게 생각하는가'를 가르치는 것이다.
그래야 남의 생각이 아닌 자신의 생각을 키워나갈 수 있다.

— 존 듀이, 미국의 철학자 —

밥상머리 교육이 아이의 인성을 조화롭게 발달시킨다. 식사시간에 부모는 일방적으로 아이에게 질문만 던지지 말고 일상생활을 주제로 자연스러운 대화를 나누면서 아이의 마음을 읽으려고 노력해야 한다. 아이의 이야기를 많이 들어주려고 하고 사소한 질문에도 최선을 다해 대답하고 애쓰는 모습을 보여주며 아이의 의견에 귀를 기울여야 한다. 아이와의 대화에서 엄마는 어떤 마음을 갖고 아이의 이야기를 듣느냐가 중요하다. 아이에 대해 사랑하는 마음, 따뜻한 마음, 그리고 인내심을 가지고 이야기를 잘 들어주어야 가족 간의 유익하고 즐거운 대화가 이루어질 수 있게 된다. 실제로 많은 연구를 통해 나타나듯이 가족 간에 함께 식사하게 되면 아이의 어휘력과 성적이 향상되고 아이들의 탈선 방지에도 도움이 된다고 발표됐다.

엄마의 잔소리는 바로 변화를 가져오는 듯 보이지만 아이는 다시 예전의 패턴으로 돌아가게 된다. 잔소리로 아이를 변화시킬 수 없다는 것이다.

어거스트 홍의 『카네기 자녀 코칭』에서 카네기 자녀 코칭은 '현재 상황 파악하기 → 비전 설정하기 → 장애물 극복하기 → 보상하기' 순으로 이루어진다.

1단계 : 현재 상황 파악하기

아이를 변화시키기에 앞서 아이의 현재 상황을 객관적으로 파악해야 한다. 아이의 성적에만 관심을 기울일 게 아니라 아이의 가능성, 고민, 스트레스 등 모든 상황을 다각도로 살펴본다.

2단계 : 비전 설정하기

아이가 현재 어떤 심리 상태이며 얼마만큼의 잠재력과 가능성을 갖고 있는지를 파악했다면 이제 어디로 이끌지를 결정해야 한다. 아이 스스로 목표를 세우고 자기 주도적으로 삶을 이끌도록 돕는 단계다. 자기 주도적 삶을 사느냐 아니냐를 결정짓는 것이 바로 '비전'이다. 따라서 부모가 해야 할 첫 번째 임무는 자녀에게 비전을 심어주는 일이다. 자녀의 마음 속에 비전만 심어줄 수 있다면 자기 주도적 삶과 열정은 부록처럼 따라오게 마련이다. 비전을 현실로 바꾸는 카네기 노하우도 공개된다.

3단계 : 장애물 극복하기

목적지에는 반드시 장애물이 있기 마련이다. 우선 대화를 통해 아이가 무엇을 장애물로 생각하고 있는지를 파악하고, 아이 스스로 그것을 극복할 수 있도록 도와야 한다. 비전을 세웠으되, 그 목적지까지 가는 데는 반드시 장애물이 있기 마련. 잠, 이성에 대한 관심, 외모 콤플렉스, 부족한 체력, 교우 관계, 게임이나 SNS 등 아이가 비전에 집중하지 못하게 하는 장애물은 다양하다.

4단계 : 적절한 보상하기

목표를 세우고 장애물을 극복하기 위해 노력해온 아이들에게 적절한 보상을 하는 단계다. 이를 통해 아이들은 또 다른 목표를 향해 달려갈 힘을 얻는다. 자녀가 장애물을 극복하고 비전을 이뤄냈을 때 부모는 아낌없이 칭찬하고 격려해주어야 한다. 이를 통해 아이들은 또 다른 목표를 향해 달려갈 힘을 얻는다. 부모들은 흔히 자녀가 물질적 보상을 원할 거라고들 쉽게 생각하는데, 사실 아이들에게는 엄마 아빠의 진심 어린 칭찬과 인정이 가장 큰 보상이다. 부모는 아이를 진정으로 변화시키는 보상 방법을 배워야 한다.

인도의 서커스 단원들은 새끼 코끼리가 태어나면 발에 끈을 매어놓고 도망가지 못하도록 잡아둔다. 코끼리를 훈련하기 위해서다. 그런데 코끼리가 자라면 쉽게 끊을 수 있는 힘이 생기지만 처음에 맨 끈을 더 튼튼한 것으로 바꿀 필요가 없다고 한다. 새끼였을 때 경험으로 배운 그 끈의 힘에 대한 인식이 성장한 후에도 그대로 코끼리의 인식을 지배하고 있기 때문이다.

아이에게 긍정적인 태도와 자신감을 키워주기 위한 교육은 부모에게 받는 관심과 사랑을 통해 형성해 나간다. 부모는 아이에게 배려와 따뜻한 사랑으로 이끌어주어야 한다. 아이의 실수나 실패를 배움의 기회로 삼을 수 있도록 도와주어야 한다. 아이가 흥미를 보이며 잘하는 분야를 찾아 칭찬해주고 자신감을 키워주어야 한다.

알피 콘은 『보상으로 벌주기』에서 "당신이 화가 나면 후속 조치에 대해 말하지 않을 가능성이 크다. 대신 아이를 닦아 세우기만 할 것이다. 후속 조치를 말할 때는 사실 그대로 윽박지르지 말고 차분하게 말해야 한다. 그 목적은 교훈을 가르치거나 문제를 해결하는 것이다."라고 조언한다. 결과가 어떻게 될지 미리 말해주면 아이는 이를 인식하고 자신이 선택해야 한다는 사실을 알게 된다고 한다.

아이의 올바른 육아 원칙 중 하나는 아이에게 좋은 성적을 받아오라고 강요하지 않는 것이다. 딸아이에게 초등학교 고학년까지 좋은 성적을 강요했었다. 틀린 개수에 대해서 연연하며 오답 노트를 만들어 다시 반복하게 했다. 아이가 중학교에 입학하고 학년이 올라갈수록 마음대로 되지 않는 것을 깨닫게 되었다. 스스로 아이가 욕심을 부리고 동기 부여가 되는 순간이 공부의 출발점이 된다.

아이에게 질문한 후에는 반드시 답변을 들어주어야 한다. 엄마는 아이에게 아무 의도 없이 질문할 때가 있다. 그 질문에 아이가 깊게 생각하며 예상 외의 답변을 할 때가 있다. 아이의 얼굴을 마주 보며 답변을 성심성의껏 들어주어야 한다. 엄마에게 거창하거나 과장된 행동은 필요하지 않다. 아이와 눈을 맞추고 부드럽고 따뜻하게 고개를 끄덕거리는 정도면 된다. 엄마와의 대화를 통해서 아이의 마음속에 공감 능력을 길러주게 되고 풍부한 창의력과 상상력을 심어주게 된다.

아이의 마음을 움직이게 하는 칭찬의 방법이 있다. 아이의 타고난 재능을 칭찬하기보다는 무언가를 아이가 스스로 조절하고 통제할 때, 개선해 나가는 모습으로 노력하는 것을 보여줄 때 칭찬해주면 아이는 자신감이 생기게 되고 자존감이 높아진다. 칭찬 방식에 대해서는 부모마다 생각이 약간씩 다르다. 자신들의 방식이 옳다고 생각하는 경우도 있다. 때로는 잘못된 칭찬 방식으로 아이들이 혼란스러워하는 경우도 있다. 구체적이지 않은 모호한 칭찬, 진심이 없는 칭찬이나 과한 칭찬으로 인해 아이들은 불안해하게 된다.

08

아이는 저마다의 속도로 다르게 성장한다

성공은 열정을 잃지 않고
하나의 실패에서 다음의 실패로 가는 능력이다.

- 윈스턴 처칠, 영국의 수상 -

30년 동안 인간 발달 연구를 진행한 윌리엄 데이먼 교수는 "성공한 사람들을 구분 짓는 가장 중요한 요소는 삶의 목적과 꿈이 있는가의 여부"라고 밝힌 바 있다. 아이에게는 꿈이 우선이다. 아이의 꿈이 있어야 할 자리에 부모의 꿈을 심어놓고 아이는 자신의 꿈인 것처럼 착각하는 경우도 있다. 아이는 각자 자기의 속도로 성장한다.

부모는 아이에게 자신의 꿈을 강요하면 안 된다. 아이의 꿈에 답을 정해놓고 획일적으로 맞추면 안 된다. 부모는 꿈이 없으면서 아이에게는 막연하게 얘기해서도 안 된다. 부모는 긍정적이든 부정적이든 아이의 발달에 절대적인 영향을 끼친다. 부모는 아이의 성장 과정에서 아이에게 적합한 환경을 제공하고 다양한 경험을 통해 더 크게 성장할 수 있도록 해주어야 한다.

「참말로의 사랑」

— 나태주

참말로의 사랑은

그에게 자유를 주는 일입니다

나를 사랑할 수 있는 자유와

나를 미워할 수 있는 자유를 한꺼번에

주는 일입니다

…(중략)…

나에게 머물 수 있는 자유와

나를 떠날 수 있는 자유를 동시에

따지지 않고 주는 일입니다

……

유대교에서는 '티쿤 올람(Tikkun Olam)'이라는 개념을 가르친다. 유대인 창의성의 원천이 되는 개념으로 '세상을 치유한다'는 뜻이다. 이 세상은 아직 미완성 상태이기 때문에 사람은 끊임없이 개선하고 치유해야 할 의무가 있다는 것이다. 많은 유대인들이 성공한 저변에는 유대교의 사상인 '티쿤 올람(Tikkun Olam)'이 있다. 티쿤은 '고친다'는 의미이고, 올람은 '세상'이라는 의미이다. 그래서 티쿤 올람은 세상을 개선한다(To improve the world)는 뜻이다. 티쿤 올람 사상에 따르면 "세상은 있는 그대로"가 아닌 "개선시켜 완성해야 할 대상"이다. 티쿤 올람 사상은 유대교 신앙의 기본 원리로 "세상을 고친다"는 뜻이다.

아이는 오랫동안 집중하지 못하기 때문에 스스로 생각의 속도를 늦추는 것은 힘들다. 아이에게 생각할 시간을 주는 방법, 모든 것을 멈추고 생각할 수 있는 방법에 대하여 소개하면 외출을 위해 아이를 기다리고 있다가 집을 나서기 위해 아이가 차에 올라탈 때마다 반복적으로 요구하는 것이다.

"출발하기 전에 잠깐 멈추고 무엇인가 잊은 게 없는지 생각해 봐."

아이에게 5초 정도 생각할 시간을 갖는 것. 부모의 질문은 강력한 힘을 가진다. '중요한 것을 잊고 있지 않은가?'라고 핵심을 지적하면서 아이 스스로 계획을 상기하게 만드는 것이다.

이 질문을 반복해서 하게 되면 점차적으로 아이는 집을 나서기 전에 예정된 활동이나 행사에 아무 문제 없이 참여하기 위하여 스스로 무엇이 필요한지 점검하게 될 것이다.

아이들은 대부분 쉽게 잊고 기억하지 못한다. 지금 당장 가야 하는 활동이나 행사에 필요한 준비물을 두고 나올 때가 많다. 아들은 무언가 떠오르면 집으로 뛰어 들어가 잊고 있었던 물건을 가지고 나왔다. 집에서 출발하기 전에 무언가 잊은 것이 없나 점검하고 떠올리는 습관은 큰 교훈을 준다. 완전히 준비된 상태로 집을 나서야 기대하고 계획했던 행사와 활동을 할 수 있기 때문이다.

찰스 두히그는 『습관의 힘』에서 '습관은 운명이 아니다'라고 말한다. 습관은 잊힐 수도 있고 변할 수도 있으며 대체될 수도 있다는 것이다. 어떤 습관이 형성되면 뇌가 의사 결정에 참여하는 걸 완전히 중단한다고 설명한다. 우리 뇌는 나쁜 습관과 좋은 습관을 구분하지 못한다고 한다. 나쁜 습관에 대한 패턴이 있다면 새로운 패턴을 형성해서 좋은 습관으로 바꿀 수 있다. 좋은 습관을 들일 수 있는 연결고리를 찾아내면 얼마든지 바꿀 수 있다.

부모는 아이의 감정에 공감해주는 것이 필요하다. 아이를 자존감 있는 아이로 키우는 데 있어서 제일 중요한 것은 공감이다. 부모가 이이의 장점을 키워주기 위해서는 세밀한 관찰과 적절한 방법으로 공감대를 형성해주어야 한다. 제일 좋은 방법은 아이의 '생각 나누기' 시간을 가지면서 공감을 형성해주면 좋다. 예를 들면 동화책을 아이와 함께 읽으면서 동화책의 주인공 마음을 얘기하고 상상의 나래를 펼치며 주인공이 힘든 일을 맞닥뜨렸을 때 어떻게 해결하면 좋을지에 관한 얘기를 아이와 나누는 것이 포인트다.

엄마는 아이가 타고난 재능이 무엇인지 지속해서 관찰하면서 아이만의 장점을 발휘하도록 격려해야 한다. 완벽한 아이는 세상에 존재하지 않는다. 완벽한 아이로 키우기 위하여 아이의 약점을 지적하려 하지 말고 강점을 드러낼 수 있도록 칭찬을 많이 해줘야 한다.

혹시 아이가 나쁜 버릇을 가지고 있어서 고치려고 한다면 나쁜 버릇을 없애려고 하기보다는 좋은 버릇을 칭찬해주는 것이 효과적이다. 엄마가 아이를 혼내는 경우는 아이가 엄마 말을 듣지 않는 경우, 동생과 싸울 경우, 아빠 말을 듣지 않는 경우, 놀이터에서 집에 가야 할 시간인데 더 놀겠다고 떼를 쓰는 경우 등 나쁜 버릇으로 행동할 때 혼내게 된다.

반대로 아이가 엄마 말을 잘 듣거나 동생과 사이좋게 지낼 때, 아빠 말을 잘 들을 경우, 시간 약속을 잘 지킬 때는 칭찬을 많이 해주고 상을 주는 방법으로 바꾸게 되면 아이는 동생과 싸우는 일이 줄어들게 된다.

성장하는 아이가 부모와의 사이에 있어서 상호 간에 매우 중요한 것은 아이와 제대로 이야기를 나누는 것이다. 적절한 시기에 자기를 표현하는 능력은 부모에게 영향을 받는다. 부모는 아이의 말을 잘 경청하고 아이가 말하는 부분을 정교하게 말할 수 있도록 해야 한다. 대화하기 전 아이가 흥미와 관심을 보이는 주제에 대해서 미리 생각해두어야 한다. 아이와 자주 대화하고 자기 생각을 정리할 수 있게 침묵하고 기다리기도 해야 한다. 아이가 해야 할 말을 주의 깊게 선택해주고 아이의 언어력을 확장하기 위해 부연 반응을 해준다. 부연이라는 말은 심리극에서 주인공의 갈등 상황과 감정을 극대화하는 것이라고 정의되어 있다, 아이가 한 말에 대해서 요약을 하거나 보태는 방식으로 아이의 말을 좋게 만들어주는 방법이 있다.

4 장

부모가 원하는 독서가 아닌 아이가 즐거운 독서 경험 만들기

책 읽기 좋은 환경 만들어주기

책을 읽지 않는 사람은
책을 읽지 못하는 사람보다 나을 바가 없다.

– 마크 트웨인 –

독서력이 좋은 아이로 키우려면 책을 읽으라고 강요하기 전에 부모가 먼저 책을 읽어야 한다. 책 읽기 좋은 환경을 만들어주기 위해서는 매일 1시간이나 1시간 30분 정도 가족이 함께하는 책을 읽는 시간을 만들어야 한다. 시간이 갈수록 아이는 책은 재미있는 것이라는 것을 느끼게 될 것이다. 아이가 책에서 재미를 느낄 수 있는 환경을 만들어주어야 한다.

독서를 방해하는 요소를 제거해주어야 한다. 거실에 TV가 있다면 치우고 책장으로 바꾸어야 한다. 부모가 먼저 책 읽는 모습을 보여 주고 스스로 아이가 책을 꺼내 읽을 수 있도록 강요하지 말고 기다려 주어야 한다. 컴퓨터는 거실에 설치하여 아이가 혼자 게임을 하지 못하도록 해야 한다. 스마트폰도 마찬가지로 부모의 통제가 필요하다.

책의 진열 방법을 바꾸는 것도 방법이다. 늘 제자리에 꽂혀 있는 책이 아니라 일주일에 한 번이나 한 달에 한 번 정도 책장에 변화를 준다면 아이의 눈길은 자연스럽게 책을 보게 될 것이다. 책의 표지가 보이도록 전시하거나 아이가 새로 구입한 책을 진열하게 한다면 자연스럽게 책으로 손이 향하게 된다.

청나라 말기의 정치가이자 학자인 증국번은 모택동이 존경한 인물이기도 하다. 그의 자녀 교육 철학이 집대성된 『증국번 교자서(敎子書)』는 근대 이후 중국 자녀 교육서의 고전으로 자리매김하고 있다. 중국인들이 자녀를 관리로 키우기 위해 꼭 봐야 하는 필독서였던 셈이다.

증국번이 강조하는 자녀 교육의 핵심은 "자녀를 사랑하면 도리로서 가르쳐라."라는 것이다. 자녀를 가르칠 때는 먼저 품성을 바르게 형성시키면서 재능을 배양해야 하는데, 이를 위해 그는 세 가지를 강조했다.

첫째, 자손을 훈계해 전심전력을 다해 독서하고 수신하게 하라.

둘째, 사치를 경계하고 근면하고 겸손한 품덕을 배양하는 데 힘쓰게 하라.

셋째, 넓게 공부하게 하라.

특히 그는 부모가 먼저 책을 많이 읽어 자녀들을 이끌어야 한다고 강조했다. 덮어놓고 꾸짖지 말고 몸소 솔선수범의 본보기를 보이고 자녀와 서로 의견을 나누면서 지도해야 한다는 것이다.

독서가 아이에게 자연스럽게 스며들며 즐길 수 있도록 하기 위해서는 집안 환경이 독서에 도움이 되도록 조성되어야 한다. 어릴 때부터 부모가 책을 읽어주는 '베드타임 스토리'나 부모가 평상시에 읽어주는 독서 활동이 좋고 가족이 함께 모여 정기적으로 독서 시간을 갖는 것도 좋다. 책을 소중히 여기고 독서의 중요성과 가치를 함께 나누는 부모의 모습을 보인다면 바람직하다. 같은 책을 읽고 아이와 대화를 나눈다면 독서의 관심이 더 높아지게 된다.

아이가 책을 좋아하지 않는다면 부모의 역할이 중요하다.

첫 번째, 책을 고를 때는 아이의 선택을 존중해주어야 한다
두 번째, 아이의 독서 활동을 격려하고 칭찬해주어야 한다.
세 번째, 아이 방에 책꽂이를 만들어주어야 한다.
네 번째, 부모는 하루 한 번 이상 아이와 책을 같이 읽어야 한다.

다섯 번째, 독서일기를 쓰게 해야 한다.

여섯 번째, 책과 관련된 대화를 자주 해야 한다.

일곱 번째, 아이의 적성과 흥미에 맞는 책을 제시해야 한다.

여덟 번째, 부모가 먼저 독서를 즐겨야 한다.

아홉 번째, 독서할 수 있는 환경을 조성해주어야 한다.

부모가 고르는 책보다는 아이가 고른 책이 가장 좋은 책이라는 생각을 해야 한다. 부모가 혹시 욕심을 내서 수상작, 권장도서 등에 집착하게 되면 아이는 흥미가 떨어지게 된다. 아이에게 수상작은 의미가 없다. 아이의 눈높이에 맞는 책이 가장 좋은 책이라는 것을 잊으면 안된다.

한국독서교육개발원에서 소개하는 책 읽는 환경 만들기를 들여다보면 아이들이 책을 읽는 공간은 안정되고 조용한 곳으로, 아이들의 왕래가 잦은 출입구나 화장실 근처는 피하는 것이 좋다. 아이들이 책을 읽는 공간이므로 조명은 밝아야 하며 창가 쪽으로 선택하는 것이 좋은데 이때 주의할 사항은 직사광선을 직접 받지 않게 커튼을 달고 외부가 소란스럽지 않은 곳으로 정한다. 그리고 아늑하고 편안하게 꾸며 정서적으로 안정된 느낌을 주도록 한다. 칸막이나 비품을 사용해서 다른 영역과 차단을 해주며 책 읽기에 집중할 수 있도록 의자와 책상을 준비하고 의자에는 쿠션 등을 놓아 편안한 자세를 유지하도록 한다.

대부분의 아이는 그림을 통해 이야기를 들을 때 가장 큰 흥미를 느낀다. 아이들에게 동화를 들려줄 때 교사는 그림책을 많이 준비해 그림 자료들을 도서 영역에 비치하여 아이들이 책에 흥미를 계속 느끼게 하도록 한다. 몇 개월 동안 계속 같은 책만 진열이 되어 있다면 아이들은 책에 대한 흥미를 잃고 다른 영역의 놀이에 집중하게 될 것이다. 책을 진열할 때에는 책 이외에 팜플렛, 여행 안내서, 광고지 등 교육 내용에 맞추어 진열해 놓아 아이들의 흥미를 갖도록 한다. 아이들에게 적합한 내용의 책을 단원의 진행에 맞추어 월별, 주제별로 균형있게 바꾸어 준다.

도서 영역에 꽂을 책들의 내용은 전래동화나 민화, 동물이나 유아 세계의 상상적인 이야기, 동물·식물 등의 자연관찰 이야기, 기차, 비행기, 자동차 등 주변에서 접하는 기계를 다룬 이야기, 시장, 상점, 우체국 소방서 등 사회생활에 관련된 이야기, 우주, 물, 눈, 비 등 자연현상에 관한 이야기 등의 책들을 지역적 특성을 고려해 비치해 둔다. 도서 진열 방법은 개방식으로 유아가 쉽게 접근할 수 있도록 준비하고 책은 겉장이 잘 보이게 꽂아 아이들이 쉽게 찾아볼 수 있도록 한다.

좋은 유아 도서는 무엇보다 유아를 즐겁게 만들고 호기심을 불러일으키며, 상상력을 자극하며, 지력을 발달시키고, 정서와 감정을 풍요롭게 해주는 책이다. 실내에서 보내는 시간이 많아지는 요즘, 아이들의 손과

눈길이 닿는 곳에 책을 비치해 두어 자연스럽게 책과 친해지도록 하는 것은 아이들에게 좋은 교육이 될 것이다.

02

아이의 마음을 읽어주는 독서법

책은 유일하게
휴대 가능한 마법이다.

- 스티븐 킹 -

부모의 믿음이 아이의 독서 능력에 많은 영향을 준다. 엄마는 아이가 유능한 독자가 될 수 있다는 확신을 주어야 한다. 읽는 방법을 배우면 독서의 즐거움을 누릴 수 있게 된다는 것을 알려주어야 한다. 엄마가 독서를 공부의 기술로 여길 때보다 독서는 즐거움이라는 태도를 보였을 때 아이가 더 높은 독서 의욕을 갖게 되고 읽기 성취도 역시 높아지게 된다.

부모의 정성에도 불구하고 아이가 책을 좋아하지 않는 경우를 들여다보면 부모가 책을 아이의 인지 발달의 도구로 생각하는 경우가 많다. 유아를 위한 셈하기, 자연관찰, 예절 책, 창의력 발달을 위한 책들이 서너 살 유아의 집은 물론이고 갓 태어난 젖먹이의 집에도 즐비하게 꽂혀 있다. 부모와 아이의 공통된 소감이 한국 책은 지나치게 지식을 강요해서 재미가 없다는 것이다. "사이좋게 놀아요." "이빨을 닦아야 해요." 등 훈계하는 내용이다. 잔소리는 어른도 싫은 법이다. 흥미와 재미있는 내용이 없이 훈계가 많은 책은 아이들을 질리게 만든다.

조기 문자 교육의 수단으로 책 읽기는 시작하며 책과의 첫 만남을 한 경우, 오히려 책을 싫어하게 되는 아이들이 있다. 문자 교육의 마지막은 긴 문장 읽기다. 진도에 맞추어 책 읽기를 숙제로 시키고, 더러는 야단도 맞으니 책이 좋을 리 없다.

책을 많이 읽기만 하면 좋다고 생각하는 경우다. 아이들은 고학년이 되면 서점을 친구들과 같이 방문한다. 부모로서는 "서점에 가다니 기특하구나!" 하겠지만, 함정이 있다. 대형서점에는 양서만 있는 것이 아니다. 악서도 즐비하다. 그리고 아이들의 눈에 쉽게 띄는 곳일수록 만화책이며, 가벼운 책들이 많다. 그 아이들이 시끄러운 대형서점의 바닥에 앉아 양서를 읽으리라 기대하는 것 자체가 의문점이다. 아이들이 양서류를 고를 수 있는 안목을 갖출 때까지 부모의 도움이 필요하다.

아이에게 책 읽기를 경쟁적으로 시킨다. 대부분의 학부모는 월반을 좋아한다. 독서도 예외는 아니다. "우리 애는 벌써 햄릿을 읽어요."라는 친구 엄마의 자랑에 속상했다는 고학년 아이의 엄마 이야기를 들었다. 셰익스피어가 만 10세의 어린이를 위해 햄릿을 썼을 리 없다.

아이들에게 책을 읽고 난 후에 독후감을 강요한다. 어린이 독서 교육에 힘쓴 이상금 교수는 "아이들에게 독후감을 강요하지 말라"라고 강조했다. 어린 아이에서 독후감을 강요하면 책 자체가 부담스러워진다. "책이 없으면 독후감 쓸 일도 없을 것 아니에요?"라고 얘기하는 아이들도 있다.

독서를 하고 독서 활동을 하는 것은 아무리 강조해도 지나치지 않다고 생각한다. 그러나 강제성이 들어갈 경우 아이의 창의성은 보장할 수 없다. 책을 읽고 나면 한 번 더 정리해서 쓰게 하는 것이 좋다. 책에 관한 내용에 대한 질문지를 만들어서 질문하게 하고 답변해주는 것이 좋다. 메모지를 활용하여 질문 수첩을 만들게 하는 것이 좋다. 강요보다는 질문을 자꾸 던져서 예를 들면, 책에 있는 내용도 좋고 인문학적인 내용과 철학적인 내용을 더해서 사람이 살아가면서 누구나 한 번쯤은 나는 누구인가? 나는 왜 살까? 삶이란 어떻게 사는 것이 좋을까? 공부는 왜 해야 할까? 죽음이란 무엇일까? 아이는 독서에도 시간을 할애하고 생각을 하면서 자신을 들여다보게 될 것이다.

그림책의 노벨상이라고 일컫는 '칼데콧'상과 그림책 신인 작가에게 주는 '에즈라 잭 키츠'상 등 수많은 도서상 위원회의 위원장을 지낸 버니스 박사는 저서 『버니스 박사의 독서 지도법』에서 "책 읽어주기는 한 알의 씨앗을 심고 그 씨앗이 잘 자라도록 공들여 키우는 일"이라고 했다. 독서가를 키워내는 일은 정원을 가꾸는 일과 같고, 정원을 가꿀 때 가장 중요한 것은 꾸준함이라고 강조한다. 아이의 독서 습관을 기르는 일에도 성실한 태도와 노력이 필요하다는 의미다.

독서를 하게 되면 얻어지는 것 중의 하나 사고력이다. 정해진 답을 찾는 문제에 대해서 풀 수 있는 사람은 수없이 많다. 그렇지만 답이 없는 문제에 대해 자신만의 독창적인 답을 찾아낼 수 있는 문제가 미래사회를 이끌어가게 될 것이다. 독서는 답을 스스로 찾을 수 있도록 길잡이가 되어준다. 같은 책을 읽었어도 각자가 찾아내는 답은 동일하지 않고 모두 다르다. 독서는 사고력을 키우는 최고의 학습법이다.

유대인의 자녀 교육은 전 세계인들의 주목을 받는다. 하브루타 교육법은 사고력을 키우기에 좋은 방법이다. 하브루타는 나이, 계급, 성별과 관계없이 2명이 짝을 지어 서로 논쟁하며 진리를 찾는 것을 말한다. 유대교 경전인 탈무드를 공부할 때 사용하는 방법이지만 이스라엘의 모든 교육 과정에 적용된다고 한다. 아이가 어릴 때는 식탁에서 부모로부터 세상을 배우게 되고 성장하면서는 토론을 하며 배운다. 이러한 과정에서 다양한 생각을 수용하고 논리적으로 말하는 법을 깨닫게 된다.

짐 트렐리즈는 『하루 15분 책 읽어주기의 힘』에서 이렇게 말하고 있다.

"유독 책을 읽는 것에 대해서는 조심스러워서 하는 부모들이 많다. 책 읽기 싫다는 아이에게 강제로 책을 읽도록 하는 것은 무언가 억지처럼 보이기도 한다. 물론 스스로 재미를 느끼면서 책을 읽을 수 있다면 더할 나위 없이 좋다. 하지만 책을 좋아하지 않는다고 해서 책 읽기의 중요성을 강하게 어필하지 않는 것은 옳지 않다. 책 읽기는 매일 잠자기 전에 해야 하는 행동처럼 습관화되어야 한다."

내 아이에게 맞는 독서 목록을 정할 때 아이의 책 읽는 수준을 이해한 뒤에 책을 제안해야 한다. 부모의 처지가 아니라 쓸모를 가치판단의 기준으로 삼아서 고르면 더욱 안 된다. 아이가 받아들이고 흥미를 느끼는 책이어야 한다.

아이가 꾸준히 책을 읽는 흥미는 책의 '쓸모'가 아니라 '흥미'에서 나온다고 한다. 아이의 책을 도를 때 우선시되어야 하는 것은 아이의 '흥미'를 핵심 요소로 삼아야 한다는 것이다. 내 아이만의 독서법을 찾아내는 것이 중요하다. 아이의 흥미 분야와 성향을 알고 이에 맞는 독서법을 찾는다면 아이는 행복한 책 읽기를 할 수 있게 된다. 부모는 독서로 성장하는 아이를 믿어야 한다.

아이에게 모든 일을 스스로 할 수 있도록 기회를 주어야 한다. 실수하더라도 스스로 방법을 찾을 수 있도록 기회를 주게 되면 아이는 자기 주도적으로 삶을 살아갈 준비를 하게 된다. 부모는 아이가 좋은 해결책을 찾도록 도와주는 좋은 조력자가 되어야 한다. 부모가 아이에게 하는 긍정적인 말은 아이에게 좋은 영향을 주게 된다. 아이의 마음을 읽는 독서법은 처음부터 아이의 생각을 존중해주어야 한다는 것이다. 아이의 생각이 완벽하지 않은 것은 당연하다. 아이의 생각에 대해서 끝까지 경청해주고 격려해주는 것은 아이의 자존감을 세워주는 것이다. 책에 대한 좋은 독서법은 아이의 흥미 위주로 격려해주어야 한다.

처칠은 수상록『폭풍의 한가운데』에서 감동적인 말을 남겼다.

"책과 친구가 되지 못하더라도, 서로 알고 지내는 것이 좋다. 책이 당신 삶의 내부로 침투해 들어오지 못한다고 하더라도, 서로 알고 지낸다는 표시의 눈인사마저 거부하면서 살지는 마라."

03

열 살 전 독서 습관이 평생 독서 습관을 만든다

더 많이 읽을수록 더 많은 것을 알게 된다.
더 많이 배울수록 더 많은 것을 발견하게 될 것이다.

– 닥터 수스 –

독서하는 아이로 성장하는 방법은 아이 스스로 자발적으로 책 읽기에 대한 동기가 있어야 한다. 쉽게 읽을 방법을 찾아야 하고 이해하면서 읽어야 한다. 책을 읽는 데 있어서 중요한 두 가지 사항은 아이의 긍정적인 태도와 독자로서의 자아 개념의 인식이 독서에 대한 의욕을 좌우한다.

오프라 윈프리는 읽기에 대해 이렇게 말했다.

"나에게 책은 개인적 자유로 가는 통행증이었다. 나는 세 살 때 읽는 법을 배웠고, 덕분에 미시시피에 있는 우리 농장 너머에 정복해야 할 세계가 있다는 걸 알았다."

긍정적인 독서 경험이 중요한 영향을 끼치는 것을 알려주는 글이다.

다산 정약용 선생님은 독서의 방법으로서 초서(鈔書), 즉 '베끼기'를 중요시했다. 중요한 내용을 메모해가며 읽는 독서 방법을 말하는 것이다. 다산 선생이 살던 시기에는 종이 자체가 귀하고 인쇄술 역시 발달하지 않아 책을 구해 읽는 일이 힘들었다. 다산의 초서(鈔書) 는 마음에 명심하여 두고두고 되새기고, 이해가 될 때까지 곱씹어 읽어야 할 부분은 반드시 적어두라는 핵심이 있다.

『생각의 탄생』을 쓴 루트번 스타인 교수의 세상을 바꾸는 7가지 혁신법을 보면 아래와 같다.

1. Imagine - 원하는 세계를 상상하라.

2. Question - 본질 꿰뚫는 질문 하라.

3. Doubt - 전문가 말도 의심하라.

4. Constrain - 제약 있어도 해법은 있다.

5. Train - '상자'의 크기를 키우자.

6. Match - 자신에 맞는 일을 하라.

7. Act - 허락받기 전 행동에 나서라.

2014년 12월 미국 소아과학회는 '아이들이 태어난 직후부터 책을 읽어 줘야 한다'는 권고안을 내놓았다. 6만 2000명에 달하는 소아과학회 소속 의사들에게 병원을 찾은 부모와 어린이한테 '소리 내어 책을 읽어주라'고 권고하라는 내용이다. 조기 교육을 권장하지 않던 미국 소아과학회의 발표는 이례적이었다. 아이의 뇌 발달에 있어 36개월 이전에 아기들의 어휘 능력과 의사소통 능력을 높여주기 위해서는 부모가 소리 내 책을 읽어주는 것이 최고의 방법이라고 한다.

『사피엔스』의 저자 유발 하라리 교수는 "요즘 아이들에겐 학교 공부보다 책을 읽히는 게 낫다."라고 조언한다. 인공지능 시대가 도래하면서 세상이 혁명적으로 변화했지만, 현재의 교육 시스템은 그에 대비한 교육을 전혀 못 한다는 것이다. 그는 2050년의 구직 시장은 어떤 능력을 요구할지 누구도 장담 못 한다며, 확실한 것은 지금 학교에서 가르치는 대부분 내용이 그때쯤엔 쓸모없다는 사실이라고 말한다.

하라리는 다음 세대에 꼭 가르쳐야 할 것으로 현재의 통상적인 교과목이 아니라 감성 지능을 꼽았다. 인공지능이 아무리 발달해도 인간의 감성은 흉내 낼 수는 없기 때문이다. 감성 지능은 교과서에서 배울 수 있는 것이 아니다. 어릴 때부터 다양한 책과 지식, 경험을 통해서만 가능하다. 하라리는 아직 다양한 경험을 접하기 어려운 어린이나 청소년일수록 책을 많이 읽어 감성 지능을 높이고 인간 본성에 관해 탐구할 것을 추천하고 있다.

아이가 흥미를 보이는 대상을 정확히 파악해주어야 한다. 호기심은 확장을 통해 다양한 영역을 넘나들며 창의적인 성과물을 만들어낸다. 강점 지능과 연관된 호기심은 끊임없는 탐구를 통해 창의적인 사고를 만들어 나가는 기반이 된다. 타고난 재능이 정해져 있다고 해도 끊임없는 훈련과 탐구는 아이의 능력을 더 키워주게 된다.

부모는 아이를 훈련을 통해 어느 정도까지는 끌어올려 줄 수 있다. 부모는 아이의 질문에 진지하게 귀를 기울여 주고, 아이가 보이는 관심 영역에 대해 충분히 탐구할 수 있도록 적극적으로 지원해주어야 한다. 부모가 아이 스스로 자존감을 가질 수 있도록 도와주는 것이 중요하다.

피아제는 아동의 인지 발달을 4단계로 구분했다. 먼저 출생 후 2세까지는 감각운동기로, 감각 운동기관을 통해 세상을 탐색하며 대상 영속성의 개념이 나타난다. 2~7세의 전조작기는 사고기능이 발달하나 자기중심적인 특징을 보이며, 언어가 급속하게 발달한다. 7~11세의 구체적 조작기에는 논리적 사고력이 발달하지만 그 사고 과정은 자신이 관찰한 실제 사실에만 한정된다. 11세 이후의 형식적 조작기에는 추상적 상징에 대

해서 논리적으로 생각할 수 있고, 가설적 연역적 추론이 가능해진다고
밝혀져 있다.

미국, 영국, 서유럽의 여러 나라의 부모들은 아이의 개성을 존중하고
아이가 자신의 열정과 흥미에 초점을 맞추도록 격려하는 일을 중시한다
는 사실이 자리하고 있다. 아이가 부모의 뜻을 무조건 따르게 하기보다
아이의 선택을 지지하는 것이 그들의 성향이다. 긍정적이고 애정 어린
환경이 필요한 조건이다.

자신감이 낮은 아이가 과도한 칭찬을 받으면 계속 그런 칭찬을 받는
것에 연연해 하고 따라서 칭찬을 받지 못할까 봐 두려운 마음에 좀 더 어
려운 일을 시도하지 않을 가능성이 크다고 한다. 즉 자신감이 낮은 아이
는 과도한 칭찬을 받으면 새로운 것을 시도하려는 자신감이 더 생기는
것이 아니라 실패할 위험성을 회피할 가능성이 더 커진다고 한다, 적절
한 칭찬이 끝나는 지점과 과장된 칭찬이 시작되는 지점 사이에는 이상적
인 지점이 존재할 필요성이 있다.

아이가 자신이 다른 누군가보다 더 잘한다는 점이 아닌 특정한 기술을
완벽히 익힌다는 점에 초점을 맞추도록 격려하기 위해서 칭찬을 이용해
야 한다. 그렇지만 균형도 이루어야 한다. 아이가 쉽게 달성하는 성과나

좋아서 하는 일에 대해 지나치게 칭찬을 해주면 역효과가 생긴다는 사실이 밝혀졌기 때문이다. 초등기는 조금씩 자신의 적성과 재능에 눈을 뜨게 되는 시기이다. 아이의 재능을 발견해서 키우기 위해서는 두각을 보이는 분야의 책을 찾아주어 그 분야를 중심으로 학습을 설계할 수 있도록 부모가 도와주는 것이 좋다.

04

꼬리에 꼬리를 무는 독서의 비결

나는 삶을 변화시키는 아이디어를
항상 책에서 얻었다.

- 벨 훅스 -

꼬리 물기 독서법이란, 꼬리에 꼬리를 무는 방식으로 책의 내용 전개를 따라가며 내가 직접 경험하는 것처럼 스스로 상상하며 천천히 읽는 독서법이다. 독서를 많이 하는 아이들은 책을 닥치는 대로 읽는 것이 아니라 한 분야가 책을 읽으면 그 책과 연관되는 다음 책들을 꼬리에 꼬리를 물듯이 이어서 읽는다. 관심 있는 분야와 연관된 책을 통해서 넓이와 깊이를 더하는 것이다.

독해의 세 가지 전제

1. 독자는 글에서 사용하는 단어들 대부분의 정의를 알아야 한다.

2. 독자는 문장 속 단어마다 통사적 역할(주어, 서술어 등의 문장 성분)

을 배정할 수 있어야 한다. 문장이 길거나 구문이 대단히 복잡하면 어려울 수 있다.

　3. 저자는 문장을 다른 문장과 연관 짓는 데 필요한 일부 정보를 불가피하게 누락시킨다. 읽는 사람은 누락된 정보에 관련된 배경 지식을 가지고 이런 빈자리를 채울 수 있어야 한다.

- 『디지털 시대, 책 읽는 아이로 키우기』 (대니얼 T. 윌링햄) 참고

　독서는 아이의 지적 능력을 끌어내는 도구이며 모든 학습의 기초를 다지는 비결이다. 유치원부터 초등, 중등, 고등, 대학까지 배우는 모든 지식은 읽기에서 시작된다. 읽기는 모든 학습의 기초가 된다. 학교에서 배우는 교과목을 이해하기 위해서는 풍부한 어휘력이 필수이므로 독서는 선택사항이 아닌 필수이다.

　아이의 생각을 가장 많이 성장하게 하는 활동은 독서다. 부모와의 대화도 아이의 생각이 자라나는 시간이다. 아이의 생각은 꼬리에 꼬리를 물고 자라난다. 생각이 자라기 시작할 때 꼬리를 잘라내지 않고 또 다른 꼬리를 연결해주는 질문과 대화가 필요하다. 아이의 사고력을 키워주는 가장 좋은 선생님은 매일 책을 읽어주고 대화하는 부모다.

일본에서는 책을 읽어달라고 조르는 아이에게 엄마는 아무런 단서도 달지 않고 웃으며 책을 읽어준다고 한다. 설거지나 다른 일들을 제쳐두고라도 아이가 원할 때는 흥미롭게 책을 읽어주는 것이 일본 엄마들의 독서법이라고 한다.

아이의 나이가 어릴수록 아이가 좋아하는 놀이에 관심을 두어야 한다. 좋아하는 놀잇감이 무엇인지 알아주고 아이가 좋아하는 놀이와 연결된 책을 읽어줄 수 있어야 한다. 유아기 때의 책은 아이들의 놀이 상황이나 생활 경험이 담겨 있다. 놀이와 책을 연결해주는 것은 수월한 편이다. 책이 집안 곳곳에 놓여 있게 해야 한다.

좋아하는 책이 정해진 아이가 있다면 서둘러 걱정하지 않아도 된다. 엄마 마음에는 다른 책도 보여 주고 싶겠지만 같은 책만 고집하는 아이 앞에서 고집을 꺾지 못하고 지는 거로 생각할 수도 있다. 아이가 반복적으로 책을 본다는 것은 여러 가지로 의미가 있다고 한다. 특정한 책에 대해서 애착을 느꼈을 수도 있고 책 안에 아이를 즐겁게 하는 요소가 들어있을 수도 있다는 것이다. 좋아하는 책이 있다는 것 자체를 부모는 좋아해야 한다는 것이다. 다른 책을 접하게 해서 책이 좋아지면 그 책 역시 반복적으로 볼 수 있게 되기 때문이다.

다산 정약용 선생님의 독서법으로는 '꼬리에 꼬리를 무는 독서법'이 있다. 이런 독서법은 책을 읽다가 모르는 것이 나오면 그냥 넘어가지 않고 관련 자료를 찾아 이해가 될 때까지 읽어나가는 독서법이다. 인터넷 서핑을 하다 보면 하나의 주제를 놓고 계속 꼬리에 꼬리를 물고 여기저기 사이트를 방문하게 된다. 독서 역시 이렇게 계속 이어져야 한다는 것이다. 그는 유배지에 있는 20여 년 동안 멀리 떨어져 사는 아들과 수많은 편지를 주고받았는데 우리는 지금 그 편지들을 읽으며 그가 어떤 교육 철학과 자녀 양육에 관한 소신이 있었는지 알 수 있다. 그 편지에 드러난 독서 교육의 핵심은 바로 의문 나는 것의 끝을 보고 난 뒤 갈음해야 한다는 '꼬리에 꼬리를 무는 독서법'이다.

아이의 독서에 대한 재능을 발견해서 키우기 위해서는 두각을 보이는 분야를 찾아주어 그 분야를 중심으로 학습을 설계할 수 있도록 부모가 도와주는 것이 좋다. 피아제는 아이들은 스스로 탐색하고 발견하는 것을 좋아하며, 자신의 지적 욕구를 일방적인 주입식 학습이 아닌, 사물과의 관계 등을 이해함으로써 더 빠르고 정확하게 지식을 습득하고 싶어 한다고 말했다. 아이가 좋아하고 잘할 수 있는 일이 무엇인지, 관련된 직업에는 어떤 것이 있으며 (성남시 분당구에 있는 잡월드에 방문하여 체험하면 좋다) 꿈을 위해서는 어떠한 노력을 해야 하는지에 대해 부모와 함께 상의하고 이야기하며 미래를 얘기하면 좋다.

혼자 책을 읽는 아이의 장점은 평생 지속할 독서 습관이 형성되고, 자존감이 높아지며, 상상력이 풍부해지며, 독립심이 자라게 된다. 책을 읽으면 읽을수록 즐기게 된다. 또한 다른 사람들의 문화와 풍습을 이해하는 데 도움이 된다.

항상 책을 아이 곁에 비치해 둔다. 도서관 나들이나 서점을 방문하여 아이가 좋아하는 책을 사준다. 부모와 아이가 책을 읽는 시간을 정해놓아야 한다. 잠자리에서 아이에게 읽어주는 '베드 사이드 스토리'라는 것이 있다. '베드 사이드 스토리'는 아이의 언어 발달에 많은 도움을 준다.

아기 때에 한창 말을 배워 무엇인가를 표현하려고 애쓰는 어린아이에게는 책 속에 나오는 수많은 단어와의 만남인 풍부한 어휘를 만나고 접하는 좋은 기회가 된다고 한다. 아이는 모르는 단어나 새로운 단어가 있으면 문장 앞뒤의 문맥을 통해 자기 나름대로 그 의미를 파악하거나 부모에게 단어의 뜻을 물어보게 된다. 아이가 그런 언어 습득 과정을 거치게 되다 보면 아이가 네 살 정도 되었을 때 평균적으로 1,500개의 어휘를 소화하게 된다고 한다. 하루에 20분에서 30분 정도 책을 읽어준다. 아이가 침대에서 책을 읽는 것은 좋은 습관을 들이는 계기가 된다.

독서를 잘하는 아이는 모든 과목에서 더 잘할 수 있게 된다. 아이에게 책을 읽어주면 아이의 자긍심과 읽기 능력이 향상된다. 유아 시절부터 초등시절까지 아이는 끊임없이 질문한다.

모리스 샌닥의 책 『괴물들이 사는 나라』(시공주니어, 2002)에는 미소를 짓는 거대한 야생의 괴물들이 나온다. 이 사나운 동물들을 어린 소년 맥스가 완전히 제압하게 된다. 괴물들은 맥스가 자기 나라에서 떠나는 걸 원치 않는다. 하지만 맥스는 자신을 가장 사랑해주는 누군가가 있는 곳으로 돌아가기로 마음먹는다. 그곳은 집이다.

아이 중에는 두려움을 느끼는 아이가 많다. 어둠, 낯선 사람, 괴물을 몹시 무서워한다. 아이가 질문에 질문을 거듭하면 함축된 의미를 잘 헤아려보고 대답해주어야 한다. 아이가 부모의 안전한 품에 안겨서 이 책을 즐기게 될 수도 있다. 독서를 통해 뇌가 새로운 것과 이미 알고 있는 것을 서로 연관 지으면 뇌 안에 새로운 선과 새로운 연결고리들이 생긴다.

놀이로 하는 독서법, 제목으로 책 읽기

같은 책을 여러 번 되풀이해서 읽지 않는다면
전혀 읽지 않는 것과 다름없다.

- 오스카 와일드 -

　박주영의 저서 『아이의 탄력 회복성』을 보면 역경이나 좌절을 경험했을 때 아이들이나 어른이나 그러한 것들을 잘 버티고 일어서는 능력을 키우는 것이 중요하고 이러한 탄력 회복성이 잘 갖춰져 있을 때 열린 사고를 하고 창의성을 가지게 되는 것 같다.

　회복 탄력성은 역경이나 좌절을 경험했을 때 그것을 잘 버티고 다시 일어설 수 있는 능력을 말하며 좌절과 시련이 아이들을 더 강하게 변모시킨다고 보는 것이다. 행복이란 상당 부분 주관적이며 우리가 불행을 느낄 수는 있지만, 불행에 사로잡히지 않아야 다시 행복을 느낄 수 있다. 회복 탄력성은 바로 불행에 사로잡히지 않게 하는 힘이다.

회복 탄력성이 높은 아이들은 남보다 큰 어려움을 겪을 때도 잘될 거라는 믿음과 용기, 유연성을 잃지 않는다. 다른 아이들보다 유독 짜증을 내고 도전을 두려워하며 쉽게 좌절한다면 지금부터라도 회복 탄력성을 키워야 하며 부모의 양육 태도가 절대적인 영향을 미치게 된다.

첫째, 세상의 중심이 '나'가 아님을 알려준다. 자신이 원하는 것을 모두 할 수는 없으며, 특히 다른 사람과의 관계에서는 양보가 필요하다는 사실을 가르쳐야 한다.

둘째, 열린 질문을 한다. 자기 조절 능력을 키우기 위해서는 자신의 감정을 먼저 정확하게 인식해야 한다.

셋째, 자신의 경험을 대입해보게 한다. 어느 정도 감정 말하기를 연습했다면 두 사람이 함께 있는 사진을 보여 주고 무슨 상황인지, 어떤 기분을 느끼고 있을지, 그 이유는 무엇인지 생각해보고 말해보게 한다.

넷째, 천천히 심호흡한다. 화가 났을 때나 좌절감을 느끼고 불안해할 때 심신을 안정시켜 준다.

다섯째, 즐거웠던 기억을 떠올리게 한다. 화가 나거나 울고 싶을 때는 눈을 감고 그곳을 상상해보자고 유도하면 된다.

여섯째, 밖으로 나가게 놀게 한다. 밖에서 친구들과 이야기하고 놀다 보면 자기 조절 능력과 대인관계 능력 또한 발달한다.

일곱째, 충분히 재운다. 아무리 늦어도 밤 9시에는 잠자리에 들도록 돌본다.

여덟째, 갈등 상황에서 긍정적으로 말한다. 아이가 좌절감을 느꼈을 때는 먼저 아이의 속상한 마음을 공감하고 이해해준다.

아홉째, 할 수 있다고 아이를 독려한다. 부모는 아이가 스스로 해결할 수 있도록 시간을 갖고 기다려 주는 노력이 필요하다.

열 번째, 결과가 아니라 '과정'을 칭찬한다. 결과보다 과정을 칭찬하고 아이를 늘 믿고 지지한다는 확신을 심어주는 게 중요하다.

열한 번째, 부모가 알아서 다 해주는 아이는 유약하다.

열두 번째, 부모는 아이의 숨은 조력자가 돼야 한다.

가족 간의 놀이를 할 때는 아이의 관심사보다 가족 전체를 배려하고 관심을 두게 하는 것이 좋다. 그래야 아이에게 협동심과 가족과 보내는 시간에 대한 흥미가 생긴다. 아이를 자발적으로 변화하게 만들어주려면 부모가 리더십을 보여 주어야 한다. 다정하면서 엄격함을 보여 주면 좋다. 아이의 행동에 대해 명확하고 합리적인 기대치와 허용치를 정해야 한다.

유아기에는 같은 책을 읽고 또 읽는 것을 좋아한다. 책을 혀로 맛보고 가지고 놀며 기어 올라가고 만져보면서 책을 탐색하기도 한다. 크고 선명하며 진짜 같은 그림을 좋아한다. 책과 잡지에 있는 사물에 이름 지어 주기 놀이를 좋아한다. 책을 읽기의 의미만이 아닌 놀이로 인식하기도 한다. 성장하면서 책과 이야기를 사랑하는 법을 배우고 언어에 관해 책을 다루는 법에 대해 배워 나가게 된다. 미취학 아이는 타고난 호기심과 욕구로 자신을 둘러싸고 있는 세상을 배워 나가게 되는데 책은 아이들이 학습하는 데 필요한 자극이자 동기가 된다. 적극적으로 책과 활자를 탐색하면서 배워 나가게 되는 것이다.

선진국 독서 교육의 공통점은 아래와 같다.

첫째, 책을 읽는 분명한 목적이 있다. 아이가 책을 막연히 읽게 되면 집중력은 시간이 갈수록 떨어지게 된다. 즐거움을 얻기 위한 독서인지, 정보를 얻기 위한 독서인지, 학습을 위한 독서인지, 토론을 위한 독서인지 등에 대해서 목표의식을 가지고 접근해야 한다.

둘째, 책 읽는 분위기를 만들어주고 서두르거나 강요하지 않는다. '이 책은 꼭 봐야 한다.', '책을 많이 읽어야 한다.'와 같은 생각에서 출발한 선진국 독서 교육은 없다고 한다. 책은 배움의 대상이고 놀이의 대상이고 즐거움의 대상이지 섭렵과 정복의 대상이 아니라는 것이다.

셋째, 독서 교육에 관한 여러 가지 프로그램이 있고, 많은 투자가 이루어진다. 선진국에서는 동네마다 도서관이 잘 갖춰져 있고, 정부와 지자체의 지원이 잘 이루어진다. 독서 교육 전문가의 강연도 활발하고 가정에서도 나름대로 독서 프로그램이 있다. 가족들과 책에 대해 놀이로 하는 독서법, 독서 토론하기, 제목으로 책 읽으며 책 만들기 등 아이들이 관심과 흥미를 갖도록 노력한다.

독서는 경험이다. 독서를 통해 간접경험의 효과를 느낄 수 있다. 책을 통한 체험 활동이 좋은 방법이다. 체험 학습을 떠나기 전에 미리 책을 통해서 체험할 주제에 대해서 간접 체험을 하게 되면 호기심도 많아지고 놀이처럼 즐거워지게 된다. 예를 들면 '나로'는 한국 최초의 우주발사체

'KSLV(Korea Space Launch Vehicle)-1'의 명칭 공모에서 선정된 것으로, 한국 우주개발의 산실인 나로우주센터가 있는 외나로도(外羅老島)의 이름을 따서 한국 국민의 꿈과 희망을 담아 우주로 뻗어 나가길 바라는 의미를 담고 있다는 의미를 알고 나로우주센터를 방문해야 별자리와 우주에 대해서 탐색하고 더 나아가 미항공우주국 나사에 대해서도 호기심이 확대될 것이다. 현장에 방문하게 되면 호기심이 극대화되고 장소에 대한 이해도 역시 높아지게 된다. 독서 없이 나로호를 방문한다면 체험 활동은 단순하게 숙제로 끝날 수도 있지만, 경험 이전에 선행하는 독서는 경험을 풍부하게 만들어주며 놀이처럼 즐겁고 많은 호기심과 넓은 시야를 갖게 해준다.

06

독서 습관은 공부의 기초다

좋은 책을 읽는 것은 과거 몇 세기의
가장 훌륭한 사람들과 이야기를 나누는 것과 같다.

- 르네 데카르트 -

아이가 스스로 책을 읽게 하고 독서가 긍정적인 경험이 되게 해주어야 한다. 보상으로 동기를 유발하는 것도 좋은 방법이다. 보상은 저학년 학생들에게 단기적으로 효과가 있다. 아이가 관심이 있는 것에 대해서 보상 거리를 찾아내면 아이는 보상받기 위해 책을 읽게 된다고 한다. 보상 대신 칭찬의 방법도 권한다. 칭찬은 독서 습관을 잡는 데 동기 부여가 될 수도 있다. 아이가 칭찬을 진심으로 받아들이게 된다면 좋은 동기 부여가 될 것이다. 칭찬의 좋은 점은 보상의 약점이 없다. 보상은 행동하기 이전에 조율해서 결정된다.

예를 들면 '네가 독서를 하게 되면 원하는 걸 사줄 거야.'라고 정한다면 칭찬을 받은 아이는 보상받은 아이가 생각하는 것처럼 '엄마에게 책을 읽으면 내가 원하는 걸 사줄꺼니까 그렇게 했을 뿐이야.'라고 생각하지 않게 된다. 칭찬을 받은 아이는 스스로 원해서 했기 때문에 선택한 것이고 칭찬은 자연스럽게 따라오게 되는 것이다.

독서는 모든 학습의 기초가 된다. 독서 습관이 들면 알아서 시야를 넓히고 공부하는 습관을 자연스럽게 갖게 된다. 고대 그리스의 철학자 소크라테스는 질문식 교육 방법으로 유명한데, 그 방법이 문제를 분석하고 해결하는 능력을 길러주는 데 효과적이라는 것은 많은 연구 결과를 통해 입증되었다. 아이에게 적절한 칭찬은 사물이나 공부에 대한 흥미와 동기를 유지시키는 데 중요하다.

수잔 모건스턴이 쓴 『아르키메데스 – 천재 되는 법』이란 책에는 천재가 되는 열두 가지 조건이 제시되어 있다.

1. 태어난다.
2. 주위를 잘 관찰한다.
3. 배운다.
4. 새로운 생각을 떠올린다.
5. 끈기를 기른다.

6. 놀면서 공부한다.

7. 많이 물어보고 많이 생각한다.

8. 생활에 도움이 되는 생각을 한다.

9. 더 낫게 고친다.

10. 절대 포기하지 않는다.

11. 절대로 생각을 멈추지 않는다.

12. 자기만의 것을 찾아낸다.

이 책에서는 천재의 12가지 덕목이 제시되고 있다. '호기심, 상상력, 참을성, 끈기, 의지, 고집, 유연함, 엄격함, 용기, 정열, 자신감, 의심'이다.

책이나 글을 백 번 읽으면 그 뜻이 저절로 이해된다는 말로 '독서백편의자현 (讀書百遍義自見)'이 있다. 흔히 '노력하는 사람을 당할 수 없다'는 말이 있는데 이 말이 바로 그런 경우를 의미한다. 책을 많이 읽는다는 표현으로는 '오거서'가 있다. 다섯 수레에 가득 실을 만큼 많은 책을 뜻하는데 원래 장자가 장서가인 친구 혜시의 학식이 많아 '오거지서(伍車之書)' 즉 책이 다섯 수레나 된다고 말한 데서 유래됐다.

독서를 하게 되면 당연히 따라오게 되는 과정이 논술이다. 공부의 기초가 되는 논술 따라잡기로 들어가 보게 되면 아래와 같다.

1. 논술의 뜻과 필요성

1) 논술의 정의 : 논리적으로 자기 생각을 나타내는 글쓰기

– 쟁점 파악을 정확히 하고, 주장을 분명히 하며, 논거를 충분히 제시하는 글쓰기

– 종합적 사고와 합리적 판단을 요구하는 글쓰기

– 서론, 본론, 결론의 내용 전개 시 일관성 있는 글쓰기

참고) 제시문의 논지 파악 → 논리적 틀을 바탕으로 → 현대사회의 문제로 연결하여 서술

= 과거의 사실을 오늘날 우리 삶의 문제로 들여와 자기의 전망을 말하는 것 (역사적 사고력과 일맥상통)

2) 논술의 필요성 : 암기 교육보다 창조적, 종합적 사고를 기르는 교육 지향

– 제대로 된 토론 통해 합리적인 사회 만드는 데 기여

– 복잡 다양한 정보를 필요에 따라 새롭게 통합하는 능력 배양

– 내신성적의 서술형, 논술형 평가에 대한 충실한 대비

참고) 학습의 3단계 : 암기를 통한 학습 → 원리 이해를 통한 학습

= 영역전이(통찰력)를 통한 학습

2. 논술에 필요한 능력

논술 과정	능력의 종류	능력에 대한 설명(예)
제시문 읽기	비판적 읽기 능력	제시문을 정밀하게 분석할 수 있는가 논제에 대해 정확히 이해하고 있는가
논술 내용 생성 및 조직하기	창의적 문제해결 능력	심층적, 다각인 논의를 전개할 수 있는가 내용과 대안이 독창적인가
	논리적 서술 능력	주장에 대한 논거를 분명히 제시하고 있는가 일관된 논리를 전개하고 있는가
	종합적 사고 능력	폭넓은 배경 지식을 지니고 있는가 사안과 주장에 대한 합리적 판단 능력이 있는가
표현하기	언어적 표현 능력	풍부하고 적절한 언어를 구사하고 있는가 맞춤법, 원고지 사용법 등을 알고 있는가

1) 읽기 능력 배양

– 객관적 읽기 : 텍스트에서 객관적 지식, 정보를 파악 (일상적 독서)

– 주관적 읽기 : 텍스트를 자기 인지체계에 맞추어 이해

　　　　　　 (정보 수집 차원, 근거 자료 찾기)

– 구성적 읽기 : 텍스트에서 새로운 의미를 재구성

　　　　　　 (토론, 논술, 비판적 글쓰기의 전제)

참고) 읽기의 수준 – 예 : 레미제라블 (동화 → 철학으로)

　　　　 = 은촛대의 동화 → 혁명기 프랑스 사회 묘사 → 인간의 이성과

욕망 고민

2) 창의력 제고

수리성 방향	비판적 사고				창의적 사고	예술성 방향
기호적 사고	분석적 사고	추론적 사고	종합적 사고	대안적 사고	발산적 사고	상징적 사고
	개념 분석 텍스트 분석	연역, 귀납	논리 퍼즐, 의사 결정	관점 이동, 대안 창안	융통성, 독창성	
수렴적 창의성					발산적 창의성	
비판성 ←						→ 생산성

− 초, 중, 고 논술 : 창의성을 전제로 발산적 사고

　　→ 수렴적 사고로 진행

− 비판적 읽기 : 상상하기

　　= 초 − 2 : 8, 중 − 5 : 5, 고 − 8 : 2 정도의 비율

3) 상식에서 벗어나기

− 신문 활용 : 독자 투고　→　사설에 대한 자기 의견

− 메모 활용 : 읽으면서 줄 치기/글쓰기, 그림, 메모 남기기

　　→ 나중에 살 붙여서 자기의 의견을 쓰면 글 한 편이 작성됨

− 수다 : 하나의 텍스트를 설정해서 편안하게 마구 이야기를 쏟아냄

− 한 사람이 10권을 보는 것보다 열 사람이 1권을 함께 보고 말하면서
다른 사람들의 이야기를 듣고 새로운 생각 발견

아이의 사춘기를 잡아주는 독서의 힘

사람의 언어는
생각을 정리해 표현하는 데서 빛이 난다.

– 키케로, 고대 로마의 정치가 –

아이가 사춘기를 시작으로 청소년기에 접어들면 부모와 대화하기를 꺼리고 아이는 방에서 나오려고 하지 않는다. 아이는 커갈수록 자신만의 세계 속으로 들어간다. 아이가 사춘기를 보내는 동안 부모는 아이와 때로는 거리를 둬야 한다. 거리를 두는 사춘기라고 해서 방임하는 것도 곤란하다. 이럴 때일수록 아이에게 독서를 권하고 읽어야 할 책에 대하여 아이가 흥미를 느낄 수 있는 책에 대해서 조언해주는 게 바람직하다. 아이는 혼자 책을 읽으면서 자아에 눈을 뜨게 되고 스스로에 대해 성찰하는 시간도 가질 수 있게 된다.

시카고 플랜(Chicago Plan)은 독서의 강력한 힘을 보여 준 사례다.

2010년까지 시카고 대학은 80여 명의 노벨상 수상자를 배출했으며, 2019년도 세계 대학 순위 14위를 기록하고 있다. 시카고 대학은 미국의 석유 재벌 존 록펠러가 세운 학교로, 지금은 명문이지만 한때는 삼류 중의 삼류대학이었다.

시카고 대학은 설립 당시인 1892년부터 1929년까지 미국에서 가장 공부 못하고 가장 사고를 많이 치는 학생들이 주로 다니던 학교였다. 그런데 1929년을 기점으로 혁명적으로 변하기 시작했다. 노벨상 수상자들이 폭주하기 시작한 것이다. 이후 2010년까지 시카고 대학 출신이 받은 노벨상은 80여 개.

1929년 총장으로 부임한 제임스 허친스 박사는 시카고 대학을 세계 명문 대학으로 키우겠다는 야심을 품고 '시카고 플랜'을 도입했다. '시카고 플랜'이란 인류의 지적 유산인 철학 고전을 포함한 각종 고전 100권을 달달 외울 정도로 읽지 않은 학생은 졸업을 허용하지 않겠다는 것이었다.

처음에는 어떤 변화도 일어나지 않았다. 그러나 머리에 인이 박히도록 읽어댄 고전의 수가 30권, 50권을 넘어서면서 드디어 변화가 보이기 시작했다. 위대한 고전을 쓴 저자들의 사고가 학생들의 머릿속에 서서히 자리 잡았고, 마침내 100권에 이르렀을 때 그들의 두뇌는 송두리째 바뀌었다.

모 방송사에서 방영했던 〈0.1%의 비밀〉이라는 프로그램이 있었다. 이 프로그램에서는 전국모의고사 전국 석차가 0.1% 안에 들어가는 800명의 학생들과 평범한 학생들 700명을 비교하면서 도대체 두 그룹 간에는 어떠한 차이가 있는가를 탐색해보는 부분이 중요하게 다뤄졌다. 그런데 이 프로그램의 제작 당시 제작진과 자문 역할을 했던 필자에게 공통된 고민이 하나 있었다. 여러모로 조사를 해보았는데 이 0.1%에 속하는 친구들은 IQ도 크게 높지 않고, 부모의 경제력이나 학력도 별반 다를 것이 없었던 것이다. 그렇다면 도대체 무엇이 이 엄청난 차이를 만들어내는 것일까? 고민 중 문득 이런 생각이 뇌리를 스쳤다. "아, 메타인지!" 곧 이 친구들을 대상으로 우리는 색다른 실험을 해보았다.

서로 연관성이 없는 단어(예, 변호사, 여행, 초인종 등) 25개를 하나당 3초씩 모두 75초 동안 보여 주었다. 그리고는 얼마나 기억할 수 있는가를 검사하였는데 여기서 중요한 건 검사를 받기 전 '자신이 얼마나 기억해 낼 수 있는가'를 먼저 밝히고 단어들을 기억해 내는 것이었다. 결과는 흥미로웠다. 0.1%의 학생들은 자신의 판단과 실제 기억해 낸 숫자가 크게 다르지 않았고 평범한 학생들은 이 둘 간의 차이가(더 많이 쓰던 혹은 적게 쓰든 간에) 훨씬 더 컸다. 더욱 재미있는 사실은 기억해 낸 단어의 수 자체에 있어서는 이 두 그룹 간의 차이가 크지 않았다는 점이다. 즉 기억력 자체에는 큰 차이가 없지만, 자신의 기억력을 바라보는 눈에 있어서는 0.1%의 학생들이 더 정확했다는 것이다. 이는 무엇을 의미하는 것일까? 바로 메타인지 능력에 있어서의 차이이다.

– 출처 : [네이버 지식백과] 또 다른 지적 능력 메타인지
나는 얼마만큼 할 수 있는가에 대한 판단 (생활 속의 심리학, 김경일)

김경일 아주대 심리학과 교수는 "세상에는 두 가지 종류의 지식이 있다. 첫 번째는 내가 알고 있다는 느낌은 있는데 설명할 수는 없는 지식이고, 두 번째는 내가 알고 있다는 느낌뿐만 아니라 남들에게 설명할 수도 있는 지식이다. 두 번째 지식만 진짜 지식이며 내가 쓸 수 있는 지식이다."라고 강조했다.

고대 철학자 소크라테스는 "너 자신을 알라."는 한마디에 메타인지의 핵심을 담았고, 공자는 "아는 것을 안다고 하고 모르는 것을 모른다고 하는 것, 이것이 바로 아는 것이다."라고 했다.

메타인지(meta-認知, 영어: metacognition) 는 "인식에 대한 인식", "생각에 대한 생각", "다른 사람의 의식에 대해 의식", 그리고 더 높은 차원의 생각하는 기술이다. 메타인지의 뜻은 자신의 인지 과정에 대하여 한 차원 높은 시각에서 관찰 · 발견 · 통제하는 정신 작용이다.

메타인지 능력이 크게 발달하는 연령대는 10세 전후이므로 이전부터 독서를 통해 기초를 다진 아이들의 메타인지 능력은 더욱 커진다. 자신이 처한 상황을 제대로 인식하고 문제를 해결하기 위해 지식을 활용할 수 있는 메타인지 능력을 함께 키워나가면 좋다.

부모는 아이들에게 인생의 나침반이나 등대 같은 '멘토'의 역할을 해야 한다. 부모가 사춘기 자녀 교육에서 멘토의 역할을 제대로 하려면 자녀의 생활 습관을 관리하고 자녀의 적성 등을 잘 파악하고 미래 비전까지 제시할 수 있어야 한다. 미래에는 부모도 끊임없이 공부하고 자기 계발을 하지 않고서는 사춘기 부모 노릇을 제대로 할 수 없다.

자녀들에게 무작정 공부하기를 강요하지 말고 독서에 대해서도 안내해 줄 수 있어야 한다. 자녀의 고민이 무엇인지 이야기를 나눈다면 큰 효과를 거둘 수 있다. 사춘기 자녀를 공부해서 자녀들의 미래를 독서로 코치할 수 있는 상담자 역할도 병행할 수 있는 수준이 되어야 한다. 아이와 건강한 사춘기를 보내려면 학교생활과 공부, 독서력에 대해서도 명확한 목표의식을 갖는 것이 중요하다.

정해진 목표와 구체적 행동을 결합해 습관화하는 것이 중요하다. 다시 말해, 아침에 일어나서 '뭘 하지?'라고 막연히 생각하기보다는 저절로 몸이 움직일 수 있는 자기만의 아침 루틴을 만들어야 한다.

십 대 자녀는 자신의 감정을 명확하게 인식하지 못하기 때문에 우울해도 화를 내고, 불안해도 화를 내고 감정이 화로 연결되는 것이다. 자녀의 마음속에는 화를 내면서도 두려움이 있을 수도 있고 슬픔이 있을 수도 있는 것이다. 사춘기의 감정을 '화'를 품고 있으므로 부모가 독서력과 공부에 대해서 세심하게 보살펴야 한다. 아이가 가지고 있는 화를 내는 행동 이면의 감정을 발견하면 공감하고 지지해주는 모습을 보여줘야 한다. 사춘기는 부모부터 달라져야 하는 시간이다.

하루아침에 만들어지는 독서 습관은 없다

아이들이 자신을 포기하고 어리석고 하찮은 일에 시간을 보내는
가장 큰 원인은 그들의 질문이 무시되고 호기심이 좌절되었기 때문이다.

– 존 로크, 영국의 철학자 –

부모가 읽히고 싶은 책이 아니라 아이가 읽고 싶어 하는 책을 주어야
한다. 아이는 읽고 싶지 않으면 거의 읽지 않는다. 독서 습관은 하루아
침에 만들어지지 않는다. 좋은 책보다는 관심 있는 책, 좋아하는 책으로
독서 습관을 들여주어야 한다. 절대로 부모가 읽히고 싶은 책이나 우연
히 손에 잡힌 책을 읽으라고 강요하면 역효과가 난다. 아이가 흥미를 느
끼는 책, 시시한 책이라도 아이의 호기심을 죽이면 안 된다. 아이가 관심
있어 하는 책을 부모가 손수 하나씩 골라주는 것이 아이가 책을 좋아하
게 만드는 첫걸음이 된다.

장 자크 루소는 『에밀』에서 어린 시절부터 고통을 경험하게 하라고 조

언한다.

"우선 잠자리가 불편한 곳에서 자는 습관을 들여라. 딱딱한 마루에서 자는 습관이 붙은 사람은 어떠한 곳에서도 잘 수 있다. 가장 좋은 잠자리 란 잠을 가장 잘 잘 수 있는 곳이다."

자녀를 과잉보호하는 부모들에게 경고하는 말이다.

그는 인간이 사회 속에서 살아가며 의존해야 많은 새로운 관계 속에서 판단을 내려야 하므로 올바른 판단을 내리도록 가르쳐야 한다는 것이다. 인간사회에서는 악인이 번영하고 올바른 사람은 학대당하고 있는 것이 일상의 사실이기에 판단력은 필수라는 것이다. 루소는 "모든 잘못은 판 단에서 오는 것이므로 판단할 필요가 없다면 배울 필요가 없다."라고 강 조한다. 모든 판단의 근거가 되는 지식과 지혜는 책 속에 답이 있다.

부모들은 아이가 어렸을 때부터 독서 습관이나 공부 습관을 잡아주려 고 여러 가지 방법을 시도한다. 그렇지만 공부 습관이나 독서 습관을 습 관으로 만드는 것은 쉬운 일이 아니다. 내 아이가 독서가 습관이 되게 해 주려면 부모도 같이 노력해야 한다.

미국 명문 세인트 제임스 초등학교의 독서 교육은 본받을 만하다. 학교 도서실의 책들은 수준별로 바구니에 담겨 있고 책마다 지도 방침을 정리해 책을 읽으라고만 하지 않고 제대로 읽는 법을 가르치고 있다. 초등학교 전 학년 동안 학생 개개인을 평가하고 기록한 독서 기록표가 있다. 그 기록을 토대로 각 교실에서 필요한 독서 지도 계획을 만든다. 세인트 제임스 초등학교에서 이처럼 독서 교육에 많은 정성을 쏟는 것은 독서 능력이 학습 능력이 되고 독서에 대한 습관이 곧 공부 습관으로 연결되기 때문이다.

독서 습관은 유아기 때부터 부모가 쉬운 책부터 읽어주는 것으로 시작하면 된다. 독서가 생활화되어 있지 않다면 난관에 부딪히게 된다. 아이의 독서 나이를 판단해주는 독서 전문가에게 조언을 구하는 것도 좋은 방법이다. 아이의 흥미를 자극하는 책부터 시작해야 실패하지 않는다. 아이에게 의무적인 독서는 결코 습관이 될 수 없다. 독서 습관은 의무가 아닌 즐거움으로 시작해야 습관으로 자리 잡을 수 있다.

아이의 독서 습관은 부모의 습관이라고 한다. 책 읽는 시간을 위한 부모의 노력, 책을 대하는 부모의 태도가 중요하다. 유아기와 초등 시기는 평생 습관으로 가는 시기이므로 매우 중요하다. 독서 습관은 하루아침에 만들어지지 않기 때문에 책을 읽는 것이 독서 습관으로 자리매김하게끔 부모의 조력자 역할이 절대적으로 필요한 시기이다.

좋은 독서는 책을 얼마나 읽었는지 신경 쓰지만 나쁜 독서는 얼마나 기억하는지 따진다고 한다. 많은 부모가 아이가 책을 한 권 읽으면 얼마나 기억하는지 시험하려고 든다. 아이에게 자꾸 책에 관해서 확인하려고 들면 아이는 책을 읽는 것을 싫어하게 된다. 책을 읽을 때 줄거리를 기억하라고 요구하고 뭔가를 물어보게 되면 책을 읽고 싶은 흥미가 떨어지게 되는 것이다. 기억하기 위한 책 읽기가 아니라 책에 대한 즐거움과 흥미가 먼저다.

독서의 기능은 '운반'이 아니라 '영향'에 있다고 한다. 책을 읽는다고 해서 당장은 효과가 안 나타나지만, 책을 꾸준히 다양하게 많이 읽으면 효과가 서서히 나타난다. 부모가 아이에게 무리하게 기억력과 암기를 요구하지 않는다면 아이는 책을 즐기며 읽어 다양한 지식을 얻게 된다. 수호몰린스키는 연구를 통해서 '사람이 장악할 수 있는 지식의 수량은 기억력의 감정에 달려 있다. 만약에 인식하고 기억하는 것을 목적으로 삼지 않고 책과 정신적으로 교류하는 것을 즐거워하면 대량의 사물, 진리, 규율이 의식으로 쉽게 들어온다.'는 것을 발견했다.

아이의 독서 성취감을 키우게 하려면 작은 성공을 많이 맛보게 하는 것이 중요하다. 부모가 아닌 아이가 특별하게 생각하는 사람에게 칭찬을 받게 되면 아이의 마음에 내적으로 강한 동기 부여가 될 수 있다. 예를 들면 처음에는 과학 문제를 잘 풀어서 선생님에게 칭찬을 받게 되어 과학을 좋아하기 시작했다고 해도, 나중에는 스스로 문제를 풀게 되고 답을 맞혀가는 과정에서 성취감을 맛보기 위해 공부하는 아이가 된다. 성공을 경험한 아이는 자신이 스스로 해냈다는 성취감은 느끼게 되는데, 작은 성취감이 자라면서 내적으로 동기 부여가 되는 것이다. 부모의 역할은 아이가 중간에서 포기하지 않도록 격려와 용기를 북돋아주며, 성공할 수 있도록 독서를 코칭해주는 것이 중요하다.

책 읽기는 일상이 되어야 한다. 아이가 있게 될 자리에 책을 놓아둔다. 아무 때나 쉽게 접할 수 있어야 책 읽기가 습관이 될 수 있다. 아이의 방에는 항상 책이 비치되어 있어야 한다. 자투리 시간을 활용할 수 있도록 병원을 방문하거나 기다리는 장소에 가게 될 때도 책은 반드시 챙겨야 한다. 여행을 가게 되더라도 예외는 아니다.

아이에게 독서를 좋아하게 만들려면 부모가 권해주는 책보다는 아이의 수준에 맞는 독서여야 한다. 아이들을 몰아세우는 엄마의 일방적인 독서 권장은 아이에게 독서를 멀리하게 만든다. 책을 아이가 선택하게 해야 한다. 내 아이의 독서 출발점은 스스로 선택하는 독서인데 호기심과 관심에 맞는 책을 아이 스스로 선택하게 해야 한다. 체험하는 독서가 좋다. 책 속에 나와 있는 인물이나 장소를 방문하는 것도 좋은 방법이다. 아이가 책을 읽고 성장하기를 바란다면 '왜 책을 읽혀야 하는가?', '어떻게 책을 익힐 것인가?', '무슨 책을 읽힐 것인가?'를 부모는 고민해야 한다.

구근회 · 김성현의 『초등독서 바이블』을 보면 다음과 같이 소개되어 있다. 성공적인 '부모 독서 코칭 베스트 전략 12'를 보면 이런 내용이 있다.

하나, 부모가 먼저 책을 읽어라.

둘, 가족이 함께 책을 읽어라.

셋, 책을 읽는 것도 습관이 되게 하라.

넷, 읽은 후에는 책 내용에 대해 자유롭게 이야기할 수 있게 해라.

다섯, 독후 활동은 절대 강요하지 마라.

여섯, 도서관에서 놀게 해라.

일곱, 고학년이 되면 자신의 책을 쓰게 해라.

여덟, 매달 정기적으로 서점을 방문해라.

아홉, 책을 읽고 관련 체험 활동을 할 수 있도록 해라.

열, 활자체와 친해지도록 하라.

열하나, 언제 어디서나 책을 휴대하라.

열둘, 학교에서도 틈틈이 읽을 수 있도록 책을 비치해라.

하루아침에 만들어지는 독서 습관은 없다. 아이에게 독서를 강요하는 것이 아니라 먼저 책을 읽는 부모가 되어야 한다. 책 읽는 것을 가르치기보다는 보여주는 부모가 바람직하다.

어린 시절
10년이
평생을
행복하게 한다

01

어린 시절 10년이 평생을 행복하게 한다

남을 헐뜯는 험담은 살인보다도 위험하다. 살인은 한 사람밖에 죽이지 않으나,
험담은 반드시 세 사람을 죽인다.

- 유대 경전 미드라쉬 -

　영국의 정신분석가이자 소아과의사인 도널드 위니코트는 "인간은 남
은 평생 자신의 어린 시절을 먹고 산다."고 말했다. 우리의 어린 시절이
당장의 인격 형성에 영향을 주는 것은 아니지만. 부모와 형제자매의 경
험은 장기적인 영향을 미치게 된다.

　부모가 아이를 설교하거나 꾸짖고 창피를 주지 않으면 아이는 보다 안
정적인 십 대를 보낼 수 있다. 항상 기다리는 마음으로 아이가 하는 것을
지켜보아야 한다. 부모 자신도 십 대였을 때를 떠올리며 지금의 아이와
똑같을 거라고 짐작하지 말고 아이에게 어떤 일이 일어나고 있는지를 지
켜봐야 한다. 아이를 혼내고 통제하고 처벌하는 대신 '성장'을 돕는 연습

5장 - 어린 시절 10년이 평생을 행복하게 한다 | 243

을 해주어야 한다.

긍정 훈육에 대한 것을 부모는 간과하지 말고 어린 시절에 대한 행복을 심어주어야 할 필요성이 있다. 아이가 성장하면서 십 대들이 맞닥뜨리는 어려움에 효과적으로 대처하게 해주고 행복한 사람으로의 성장을 돕는 것이다.

부모와 자녀와의 사이가 유난히 좋은 가정이 있다. 아이는 부모에게 고민을 털어놓고 위로 받고 자문한다. 끊임없는 대화 속에서 말이 샘솟는다. 집안에는 항상 웃음과 행복이 넘친다. 아이들은 긍정적이고 낙천적이다. 훌륭한 인재들은 밝고 화목한 가정에서 나온다. 십 대 때 쾌활하고 유쾌한 기억을 간직하게 된다면 아이에게 평생의 소중한 자산이 된다. 성격이 밝고 쾌활한 엄마는 아이에게 긍정적이고 적극적인 인생관과 대인관계를 형성해준다. 엄마는 아이의 성격과 인생관 형성에 많은 영향을 미친다.

아리스토텔레스는 아들 니코마코스에게 행복론을 설파한 『니코마코스 윤리학』에서 "최고의 행복을 누리는 사람은 유쾌하면서도 선하다."라고 말했다. 아리스토텔레스의 말 역시 자녀 교육의 성공을 행복한 가정과 연결지어 생각해보게 되는 구절이다.

밝고 건강하고 사회성이 높은 아이는 성격이 밝고 긍정적이고 낙천적인 엄마 아래서 자란 경우가 많다.

이탈리아 출신 화학자 프리모 레비의 시다.

「게달레 대장」

내가 나를 위해 살지 않는다면
과연 누가 나를 위해 대신 살아줄 것인가?
내가 또한 나 자신만을 위해 산다면
과연 나의 존재 의미는 무엇이란 말인가?
이 길이 아니면 어쩌란 말인가?
지금이 아니면 언제란 말인가?

'행복'이라는 말을 사전에서 찾아보면 '생활에서 충분한 만족과 기쁨을 느끼어 흐뭇하거나 그러한 상태'라고 되어 있다. 어린 시절에 행복한 아이가 행복한 어른이 되듯이 행복의 한계는 개인에 따라 달라지기도 한다.

『기적의 비전 워크숍』 저자이고 IMD(스위스 국제경영개발원)의 교수인 자크 호로비츠 박사의 말을 참고하면 비전에 대해서 "비전은 마감일이 있는 꿈이다. Vision is a Dream with Deadline."이라고 정의했다. 비전이 일반적인 꿈과 다른 점은 마감일이 있다는 점이다. 마감일이 있고 없고가 비전이고 마감일이 없으면 꿈을 가르는 기준이 된다. 비전은 마감일이 있으므로 계획성 있고 효율적으로 추진력을 갖게 된다. 비전을 가지고 있는 아이는 주도적으로 자기 삶을 이끌어 간다.

부모가 아이가 행복한 환경을 만들어주려면 사랑을 받고 줄 수 있는 아이로 키워야 한다. 밝고 긍정적인 가정의 환경이 아이를 행복하게 만드는 것이다. 사소한 일에서도 행복을 알게 해주어야 한다. 부모의 긍정적인 태도는 아이의 사고방식에 큰 영향을 미친다.

어린 시절 밝고 여유로운 가정에서 애정을 느끼며 자란 아이는 강한 자신감과 자존감을 보인다. 훌륭한 가정 환경은 경제력이 좌우하지는 않는다. 경제적으로 여유가 있어도 부모가 신경질적이거나 부정적이어서 아이를 야단만 친다면 위축된다. 경제적인 여유가 부족하더라도 부모가 밝고 긍정적이라면 아이를 긍정적인 사고를 지닌 밝은 성격으로 기르게 된다.

부모의 관계는 아이의 성격을 형성하게 된다. 부모가 싸우면 아이는 불행하다고 느끼며 아이는 부모의 불화를 오랫동안 기억하게 된다. 어렸을 적 부모의 불화는 아이의 내면에 쌓여 사람에 대한 불신으로 이어질 수도 있다.

세계 교육학계의 거장인 윌리엄 데이먼(william Damon) 교수는 30년 동안 인간 발달 연구 끝에 '목적'이 사람의 인생에 얼마나 큰 역할을 하는지 밝혀낸 바 있다. 많은 청소년이 사회에 첫발을 내딛는 순간 왜 그토록 많이 실패하는지 연구한 끝에 인생의 '목적'이 명확하지 않았기 때문이라는 결론을 얻어냈다. 인생의 '목적'을 일찍 찾을수록 방황을 빨리 끝내고 나아가고자 하는 삶의 방향을 정할 수 있게 된다. 부모의 역할은 아이가 동기 부여를 통해 인생의 '목적'을 찾을 수 있도록 도와주어야 한다.

아이가 자신이 하는 일의 목적의식과 소중함을 갖고 주도적인 인생을 살아갈 수 있도록 이끌어주어야 한다. 부모가 스스로 실천하고 아이에게 본보기를 보여 주어야 한다. 애플의 창업자 고(故) 스티브 잡스(Steve Jobs)가 남긴 말을 보면 진정으로 만족감을 얻는 유일한 길은 위대하다고 믿는 일을 하는 것이다. 그리고 위대한 일을 할 수 있는 유일한 길은 자신이 하는 일을 사랑하는 것이다. 아직 그런 일을 찾지 못했다면 계속해서 찾아라. 안주하지 말라. 마음속 모든 일이 그렇듯이 자신이 사랑하는 일을 찾으면 알 것이다.

아이의 상상과 꿈에 제한을 두지 않고 상상과 꿈을 크고 넓고 높게 꿀 수 있도록 부모는 도와주고 격려해주어야 한다. 아이가 원하는 것을 얻기 위해 꾸준히 역량을 쌓는 게 쉬운 일은 아니지만, 아이의 바람직한 행동들을 통해 설정한 비전이나 목표를 달성하게 하려고 핵심 습관에 집중하도록 격려해주어야 한다.

윌리엄 제임스는 『심리학의 원리』에서 습관의 중요성을 다음과 같이 표현했다.

"물은 자신의 힘으로 길을 만든다. 한 번 만들어진 물길은 점점 넓어지고 깊어진다. 흐름을 멈춘 물이 다시 흐를 때는 과거에 자신의 힘으로 만든 그 길을 따라 흐른다."

02

단호함과 화내는 것은 차이가 있다

부모를 위한 세 가지 원칙이 있다. 아이를 사랑하라,
아이의 영역을 침범하지 말라, 스스로 자신이 되도록 하라는 것이다.

– 엘레인 워드, 미국의 작가 –

김주환 작가의 『회복 탄력성』의 내용을 보면 어떤 불행한 사건이나 역경에 대해 어떠한 해석을 하고 어떠한 의미로 스토리텔링을 부여하는가에 따라 우리는 불행해지기도 하고 행복해지기도 한다. 분노는 사람을 약하게 한다. 화를 내는 것은 나약함의 표현이다. 분노와 짜증은 회복 탄력성의 가장 큰 적이다.

강한 사람은 화내지 않는다. 화내는 사람은 자신의 좌절감, 무기력함을 인정하는 것이다. 분노가 우리의 인생에 닥친 여러 가지 역경을 해결해주는 경우는 없다. '화난 척'이 때로 도움이 될 수는 있을지언정, 진정 '화를 내는 것'은 항상 문제를 더욱 어렵게 만든다. 분노는 모든 것을 파괴하며, 그 무엇보다도 화내는 사람 자신의 몸과 마음을 파괴한다.

부모가 아이의 문제를 자신의 문제, 가정 전체의 문제로 생각하고 헤어나지 못하는 경우가 있다. 부모가 자신들의 삶의 가치를 아이의 성공에 두는 생활 태도와 가치관을 가지면 힘들어지는 경우가 많다. 아이에 대한 지나친 희생과 애정이 만들어내는 결과다. 부모의 희생과 애정이 깊고 크면 부모들은 자기 삶의 가치를 아이의 성공에서 찾으려 하고 합리적인 판단이 어려워진다. 단호하게 부모 자신과 아이의 삶을 분리해 생각해야 한다.

미국 듀크대학교 연구진이 2006년에 발표한 논문에 따르면, 우리가 매일 행하는 행동의 40%가 의사 결정의 결과가 아니라 습관 때문이라고 한다. 근대 심리학의 창시자로 일컬어지며 '의식의 흐름(Stream of Consciousness)'이라는 용어를 처음 사용한 심리학자 윌리엄 제임스(William James)는 "우리의 삶이 일정한 형태를 띠는 한 우리 삶은 습관 덩어리일 뿐"이라는 말로 습관의 중요성을 강조했다.

아이를 훈육할 때에는 적절한 당근과 채찍이 필요하다. 흔들리는 부모는 흔들리는 아이를 양산한다. 엄마가 어린 시절에 엄격하고 권위주의적 가정에서 자란 경우 지나친 통제로 인해 힘들었던 마음을 가지고 있다.

이러한 것에 대한 반작용으로 자신의 아이는 방임하게 되는 예도 있다. 허용적이거나 방임적인 분위기에서 자란 아이들은 자신에게 필요한 자기 절제력을 스스로 발전시키지 못한다고 한다.

일관된 훈육은 교육 원칙 중의 가장 기본적인 방법이다. 엄마는 아이가 지켜야 할 원칙을 세우고, 훈육의 방식도 부모가 서로 일치해야 한다. 가정 내에서도 아이가 지켜야 할 규칙을 정해주게 되면 아이가 자기 멋대로 행동하게 되는 것을 줄일 수 있다. 예를 들면 엄마의 물건에 대해서 허락 없이 가져가면 안 되며, 허락을 구해야 한다는 규칙을 정해서 알려주어야 한다. 가정을 벗어나 밖에서 생활할 때에도 다른 사람의 물건을 절대로 허락 없이 가져가면 안 된다는 것을 인지시켜주어야 한다. 허락이 가져가는 것은 나쁜 행동이고 강탈이라는 것을 알려주어야 한다.

부모는 아이를 양육할 때 일관성이 있어야 한다. 아빠와 엄마의 성격에 따라서 훈육 방식이나 애정을 아이에게 표현하는 방식이 차이가 있을 수 있다. 그렇지만 '안되는 것과 되는 것'에 대해서는 부부간의 일치된 합의와 견해가 필요하다. 부모는 아이의 독립성을 발달시키기 위해서 발달 수준에 맞는 다양한 자극을 주어야 한다. 아이가 문제 행동을 일으킬 경우에 대비하여 대처법을 모색해야 한다. 좋지 않은 육아법은 부모의 우유부단함과 방임이다.

좋은 부모는 "하면 안 돼."라고도 말한다. 부모는 과도한 통제와 방임 사이에서 균형점을 찾아야 한다. 아이의 적절치 못한 행동에 대한 대가를 정해두어 아이가 반드시 대가를 치르도록 해야 한다. 대신 다음에는 아이가 성공적으로 규칙을 지킬 수 있도록 유도해야 한다.

아이에게 무조건 대가를 요구하는 것도 좋은 방법은 아니다. 좋은 행동을 끌어내기 위한 처벌은 최악의 수단이다. 효과적인 방법은 올바른 행동을 가르치고, 아이가 제대로 했을 때 격려해주며, 안 되는 건 안 된다는 것을 훈육해야 한다.

아이는 "안 돼."라는 말을 좋아하지 않는다. 엄마는 "안 돼."라고 말하면서 아이에게 상처 주는 것은 아닌지, 엄마의 권위를 과하게 내세우는 것이 아닌지 걱정이 된다. 아이에게 '공격'을 받는다고 느끼거나, 아이의 행동을 제지할 수 없으면 '안 돼.'라고 말해야 한다.

규칙을 다시 정하고 명료한지 확인한 후에 아이가 어떻게 반항하든 규칙을 내세워 안 되는 건 안 된다고 말해야 한다. 엄마의 목표는 균형 잡힌 단호함을 가진 통제이다. 아이가 충분히 존중받는다는 느낌이 들어야 한다. 엄마는 안 된다고 알려줄 때 규칙을 명확하게 하고 일관성을 유지해야 한다. 화내는 것이 아닌 단호함을 알려 주어야 한다. 아이를 훈육하다가 막다른 골목에 몰렸을 때 어떻게 더 나은 해결책을 찾을 수 있는지 알려주어야 한다.

법륜 스님의 『희망편지』에서 말했다.

"우리가 뱀을 보고 두려워하는 것은 뱀이 나를 두렵게 만든 게 아닙니다. 뱀은 다만 그렇게 생겼을 뿐이고 그걸 보고 내가 두려워하는 것이지요. 두려움은 실제 있는 게 아니라 내가 두려워하는 상을 갖고 있기 때문입니다. 그것이 오랫동안 습관화되고 무의식의 세계에 잠재되어 있어서 그 상황에 부딪히면 나도 모르게 그런 마음이 일어나 버리는 것입니다."

괴로움이나 화, 짜증, 미움 등이 일어날 때 '이건 내가 지금 내가 만든 상에 사로잡히는 거야.' 이렇게 자각하는 훈련을 자꾸 해야 한다고 한다.

아이는 삐치는 것을 통해서 엄마의 마음에 분노나 죄책감 같은 부정적인 감정을 유발해서 엄마에게 벌을 주려고 하는 것이다. 아이의 삐침은 침묵을 무기로 한 반항이다. 엄마는 아이에게 "안 돼."라고 분명하게 얘기하며 선을 그었지만 아이는 엄마가 정한 원칙을 받아들이지 못하는 경우이다. 이럴 때 엄마는 아이가 진정 무엇 때문에 화가 났고 기분이 안 좋은지를 제대로 들여다봐야 한다.

대화로 아이의 마음의 문을 열어야 한다. 그리고 아이의 이야기를 적극적으로 경청해야 한다. 이것이 아이를 이해하기 위한 방편이다. 아이가 처한 상황을 고려해서 아이가 엄마에게 무엇을 전달하려고 하는지 해석해보는 방법이기도 하다. 엄마가 먼저 지쳐서 신경을 쓰거나 마음을 바꾸거나 보상해주면 안 된다. 단호함으로 엄마의 마음을 무장해야 한다.

아이와 함께 가족 규칙을 만들 때는 모든 가족에게 공평하게 해당하는 규칙을 만들어야 한다. 규칙은 엄마와 아빠, 아이가 모두 함께 참여하여 조율하며 만들어야 한다. 아이가 규칙을 잘 지키게 되면 칭찬 스티커 판을 만들어 칭찬 스티커를 붙여 약속한 개수가 모이면 적절한 보상을 약속해야 한다.

아이는 자신이 친밀하고 중요하게 여기는 사람을 자신의 자아상으로 만드는 경향이 있다. 아이는 부모가 만들어주는 모습을 통해 자존감을 만들어나간다. 부모와의 긍정적인 상호작용이 중요하다. 아이도 엄마도 상처받지 않는 행복한 육아로 가는 방법이다.

03

아이에 대한 자존감을 높여주자

아이들은 자유의 원칙 안에서
교육을 받아야 한다.

– 존 애덤스, 미국의 2대 대통령 –

피터 드러커 경영대학원 심리학과 교수인 미하이 칙센트미하이는 아이들의 능력 계발에 있어 호기심이 가장 중요하며, 아이들이 호기심을 갖는 분야에 몰입한다면 창의적인 사람이 될 수 있다고 말한다.

아이가 흥미를 보이는 대상을 정확히 파악해주어야 한다. 호기심은 확장을 통해 다양한 영역을 넘나들며 창의적인 성과물을 만들어낸다. 강점 지능과 연관된 호기심은 끊임없는 탐구를 통해 창의적인 사고를 만들어 나가는 기반이 된다. 타고난 재능이 정해져 있다고 해도 끊임없는 훈련과 탐구는 아이의 능력을 더 키워주게 된다. 부모는 아이를 훈련시켜 어느 정도까지는 끌어올려 줄 수 있다. 부모는 아이의 질문에 진지하게 귀를 기울여 주고, 아이가 보이는 관심 영역에 대해 충분히 탐구할 수 있도록 적극적으로 지원해주어야 한다. 부모가 아이 스스로 자존감을 가질 수 있도록 도와주는 것이 중요하다.

아이의 자존감을 높이는 데 중요한 것은 부모의 역할이다. 사랑하는 사람들에게 인정받는 아이는 자신감과 자존감이 높아지고 적극적인 자세를 갖게 된다. 부모가 아이의 행동에 긍정의 힘으로 대하는 것이 중요하다. 세계적으로 성공한 사람들 부모의 공통점은 아이를 긍정적으로 대하면서 믿어주었다는 것이다. 아이를 강하게 믿고 지지해준다면 아이는 긍정적이고 바람직한 아이로 자라게 될 것이다.

부모는 아이를 자기와 동등한 인격체로 여기고 존중해주어야 한다. 아이를 격려해주고, 인정해주고, 칭찬해주고 보듬어야 한다. 아이를 존중하는 기본 태도는 아이의 이야기에 적극적으로 경청하는 자세다. 아이의 이야기에 경청한다는 것은 말뿐 아니라 인격도 존중한다는 것이다. 부모가 아이와 대화를 할 때도 일방적인 명령이나 지시어가 아닌 아이의 의사를 묻는 청유형으로 말해야 한다. 아이가 초등학교에 입학하고 십 대가 되면 스스로 생각하고 판단할 수 있는 능력을 부모는 키워주어야 한다.

어려서부터 부모의 관심과 배려를 많이 받은 아이는 성장하면서 사람들과의 관계에 있어서 문제를 해결하는 능력이 뛰어나게 된다고 한다. 부모의 기질과 성격에 맞는 훈육과 교육 태도가 아이의 욕구 좌절 인내성과 문제 해결 능력에 많은 영향을 준다고 한다. 환영받는 아이가 되는 관건은 가정 교육의 방법이다.

부모가 일찍부터 아이의 재능과는 상관없이 일방적으로 목표 지점을 정해두고 말을 따르라고 하는 건 아닌지 뒤돌아봐야 한다. 아이 중에는 자신의 의지와는 상관없이 엄마가 정해준 대로 잘 따라오는 아이도 있을 수 있지만, 마지못해 수동적으로 엄마의 요구에 따르는 예도 있다. 자존감은 자신을 존중하는 마음이 있어야 높아지게 된다.

자존감이 높은 아이의 경우는 스스로 소중하다고 여길 줄 알게 된다. 아이의 행복한 미래를 위해 아이의 자존감은 부모가 적극적으로 키워주어야 한다. 아이의 마음에 공감해주고 격려해주어야 한다. 엄마의 진정한 격려의 말 한마디가 아이의 무너진 자존감을 다시 세울 수 있게 된다.

동화작가 댄 그린버그(Dan Greenburg)는 비교가 우리 삶에 미치는 영향에 대해 이렇게 말했다.

"비교는 당할수록 사람을 더욱 불행하게 만든다. 내 아이가 정말 불행하기를 바란다면 주변에 괜찮은 아이, 장점이 많은 형제와 비교를 해줘라."

비교라는 늪에 빠져 내 아이를 불행하게 만들면 안 된다. 자녀에게 휘말리지 않고 침착하게 대처하는 방법은 어떤 상황에서도 기분 나쁘게 받아들이지 않는 것, 평상심과 침착함을 유지하는 것, 자녀가 하는 말을 잘 들어주되 자녀가 걸어오는 싸움에는 맞서지 말 것, 자녀가 물어봤을 때만 자녀에게 도움이 될 만한 조언을 해줄 것, 자녀에게 이래라저래라 간섭하지 않는다.

자존감은 '난 참 괜찮은 사람이다.'라고 생각하게 하는 것으로 아이가 일관된 훈육을 받고 밖에서도 예의 바르게 행동할 줄 알고 타인을 배려할 수 있을 때 건강한 자존감을 형성할 수 있게 된다. 아이의 자존감을 다치게 하지 않으면서 훈육을 하려면 훈육에 대한 지침을 분명하게 만들어야 한다.

예를 들면 '남을 때리면 안 된다.', '욕을 하면 안 된다.'처럼 아이가 수긍할 수 있는 지침을 미리 알려주어야 한다. 아이와 일상생활 속에서 신뢰와 애착을 형성함으로써 아이의 문제가 되는 행동의 비중을 줄여나가야 한다. 아이는 자신이 좋아하는 사람과는 좋은 관계를 유지하고 싶어서 어긋난 행동을 하지 않으려고 노력하게 된다.

아이가 성장해갈수록 부모는 자신을 뒤돌아볼 필요성이 있다. 부모는 아이 키우기가 힘든 것이 '아이' 때문이라고 말하지만, 자신의 문제 때문이라는 것을 간과하면 안 된다. 부모 자신이 상처가 많은 사람일수록 아이에게 집착하는 경향이 있다.

아이가 유아기일 때에는 부모의 집착으로 인해서 갈등이 크게 일어나지 않지만, 아이가 사춘기가 되면 갈등이 깊어질 확률이 높아진다. 부모는 아이에게 집착하기보다는 자신의 상처를 뒤돌아보고 치유하는 데 집중해야 한다. 부모가 스스로 단단해져야 자신에게 자부심을 느끼게 되고 소신을 가질 수 있게 된다. 자기 내면을 들여다보고 자존감이 높아야 아이의 양육을 건강하게 할 수 있게 된다.

아이가 말을 잘 듣거나 성적이 좋은 때만 예뻐하거나 부모의 말을 안 듣고 따르지 않는다고 해서 체벌을 가하면 안 된다. 부모는 무조건 자녀를 존중하고 사랑해주어야 한다.

마카렌코(1888-1939, 구소련의 교육가, 집단주의 교육이론)는 "가정의 생활제도가 합리적으로 발전하면 더 이상 처벌이 필요하지 않다. 체벌이 영원히 안 일어나는 좋은 가정을 만드는 것이 가정 교육의 가장 정확한 길이다."라고 했다.

희망적인 생각과 긍정적인 생각은 아이에게 도전을 실행하게 한다. 엄마가 해야 할 일은 아이의 사고방식이 상처받지 않도록 아이의 능력을 무조건 믿어주는 방법이다. 행복한 부모가 행복한 아이를 만든다.

잉어는 어항에서 키우면 10cm 이상 자라지 않는다고 한다. 그런데 연못에서 키우면 30cm까지 자란다. 이것을 강물에서 키우면 1m까지 자란다고 한다. 잉어는 환경에 맞추어 자기 몸을 조절한다.

성공하는 아이로 키우고 싶다면 아이가 스스로 자신이 나아갈 방향을 정하게 하고 노력하는 습관을 부모는 키워주어야 한다. 가장 좋은 방법은 일기를 통해 글을 쓰게 하는 것이다. 단순하게 일과를 정리하는 것도 좋은 방법이지만, 아이 스스로 목표를 세우게 하고 그 목표를 위해 오늘은 무엇을 했는지 아쉬웠던 점은 무엇인지 등에 대해 적어보게 하는 게 좋은 방법이다. 아이는 일기를 통한 글쓰기를 통해 스스로 반성하며 노력하는 과정에서 성장하게 된다.

04

아이 감정을 살펴주는 게 먼저다

책임감은 판단력을 강하게 해주고
마음가짐을 활기차게 해준다.

– 엘리자베스 스탠턴, 미국의 여성 정치가 –

시치다 고의 『부모의 습관』에 보면 시치다 교육에서는 아이의 마음을 건강하게 키울 수 있는 비법으로 '5분 암시법'과 '8초간의 포옹'을 중요하게 여긴다. '5분 암시법'이란 아이가 잠든 후에 부모가 아이 몸을 쓰다듬어주면서 자신이 얼마나 아이를 믿고 사랑하는지를 말해주는 것이다. 그리고 마음에 남아 있는 슬픈 감정과 곤란한 문제들이 자는 동안에 모두 사라지도록 암시를 넣어주는 것이다. 포옹은 아이가 착한 일을 한 후에 해주는게 좋다. 울음을 그쳤을 때, 떼쓰는 걸 멈추고 잘 참아주었을 때, 이때가 8초간의 포옹을 하기에 가장 좋은 기회다.

아이의 이야기를 들을 때 행동보다는 이야기를 들을 때 부모의 감정과 진심이 중요하다. 아이와 부모는 다르다는 것을 존중해야 한다. "그런 감정이었구나, 그렇게 느낄 수 있었겠네." 라고 아이의 감정에 공감해주어야 한다. 아이가 내린 결정에 대해서 과정을 이해한다는 의미로 공감해주어야 한다. 아이의 이야기에 호기심을 갖고 질문을 하면 대화가 풍성해진다.

아이는 부모가 가지고 있는 가치에 대해서 말로 하는 설명보다 부모가 살아가는 모습을 보면서 배워 나가게 된다. 아이와의 진정한 의사소통으로 가는 방법이다. 아이와 의견이 다를 수도 있지만, 부모의 모습을 보면서 아이는 가치를 배워 나가게 되고, 아이가 성장했을 때 부모가 추구했던 가치들을 소중하게 여기게 된다.

아이와 부모가 마음으로 소통하기 위해서는 감정의 단어를 익히고 사용할 수 있어야 한다. 아이가 감정을 숨기고 짓누르는 것이 아니라 스스로 감정을 찾을 수 있도록 부모는 도와주어야 한다. 부모의 역할 중에서 아이가 자신의 감정을 알아차리고 이해할 수 있도록 도와주는 일은 중요하다. 스스로 감정을 표현하는 것을 편안하게 느끼고 자신을 드러내며 존중하는 방식으로 표현할 수 있도록 도와주어야 한다.

아이에게는 감정을 느끼는 부분에 있어서 감정을 알아차리고, 그대로 받아들이고 지나갈 수 있도록 하는 과정을 반복하면서 감정을 담아두지 않게 되는 것이다. 아이가 자신이 느끼는 감정을 토로할 때, 아이의 감정에 공감해주고 이야기를 들으면서 부모는 어떤 느낌이 들었는지에 대해 공유해야 한다.

긍정적으로 훈육하는 방법은 아이에게 반응하지 말고 이끌어주라고 한다. 그렇지만 아이의 반항하는 말이나 무례한 말대답은 부모를 반응하게 만든다. 대화에서 중요한 방법은 무슨 말을 하는지가 아니라 부모가 어떻게 아이의 말을 받아들이는가 하는 것이 중요하다. 부모가 아이를 이끌어주는 대화법의 예를 들면,

"우리 둘 다 화가 가라앉으면 그때 이야기하자."
"뭐 때문에 이렇게 속상하니?"

라고 아이의 감정을 먼저 알아주고 소통을 시작해야 한다. 부모가 이끌어주지 못하고 반응하는 대화는 이렇다.

"그렇게 말하지 말라고 몇 번이나 이야기했니?"
"여태까지 너한테 아빠 엄마가 어떻게 했는데, 이럴 수가 있니?"
"다른 친구들 좀 봐!"

"때려야 말을 알아듣겠니?"

아이와의 대화에서 감정은 옳고 그름을 정해야 하는 대상이 아니다. 서로 감정 단어를 익히고 감정을 서로 존중하는 방식으로 표현할 수 있도록 해야 한다. 아이와의 대화는 중요한 문제를 상의할 때, 아이의 의견을 존중할 때 효과적으로 나타난다. 부모가 하고 싶은 말을 줄이고 아이와 함께 있는 시간을 늘려야 한다.

에커만의 『괴테와의 대화』의 '타인을 움직이다' 편에는 '진정으로 타인의 마음을 움직이고 싶다면, 결코 비난해서도 안 되고 잘못을 마음에 두어서도 안 된다. 좋은 것만 행하면 된다. 중요한 것은 무언가를 망가뜨리는 것이 아니라 인간이 순수한 기쁨을 얻을 수 있는 것을 건설하는 것이기 때문이다.' 이런 내용이 나온다.

사람은 천성적으로 자기 생각을 따르고 다른 사람의 명령을 배척한다고 한다. 아이에게 자각의식과 결정을 잘하는 능력을 키워주려면 스스로 생각하고 선택하게 해야 한다. 같은 결정에 대해서도 부모가 아니라 자신의 뜻에 따라서 내려지면 아이는 행동으로 더 잘 옮긴다고 한다.

끊임없이 '왜'를 반복하여 아이가 문제에 대해 의문점을 가지게 하는 것이다. 아이의 개성을 찾아주는 것은 부모의 중요한 의무이다. 부모가 진지하게 생각해야 하는 부분 중의 하나가 아이를 키우면서 성장하게 되면 누구나 가는 안전한 길을 선호하게 되고 일류대학을 지향하며 좋은 직장을 들어가는 것을 우선시하고 성공의 지름길로 보게 되는 것이다. 아이의 강점보다는 부모의 기대와 욕심이 앞서기 때문이다. 아이가 자기의 방식으로 행복을 추구하며 살아가도록 격려하고, 아이의 개성을 찾아주고 이러한 바탕 위에서 아이 스스로 인생을 계획하고 발전시켜 나가도록 부모는 좋은 조력자 역할을 해주어야 한다.

아이는 타인이 자신에게 어떻게 행동하는지를 보고 그것을 모방하여 사회에서 자신이 행동하는 법을 배워 나간다. 부모가 체벌을 자주 사용하면 아이도 원하는 것을 얻고자 폭력을 사용하게 될 가능성이 커진다. 아이들의 잘못은 건망증이나 충동에서 비롯되는 경우가 많다. 체벌을 받아 매를 맞은 아이의 기억에 남는 것이 자신이 무엇을 잘못했는지가 아니라 수치심과 아픔과 부모에 대한 원망만 남게 된다. 아이가 어떻게 행동해야 하는지를 가르치려면 아이를 체벌하거나 아프게 하거나 창피를 주면 안 된다. 아이를 바르게 훈육하는 좋은 방법은 아이가 자기 행동의 결과를 느껴보게 하는 것이다.

루소는 말했다.
"아이가 활동할 때 다른 사람에게 복종하라고 가르치지 말고 일할 때 다른 사람을 부려먹으라고 가르치지 말라. 아이는 부모가 어떤 행동을 할 때 자신에게도 똑같은 자유가 있다는 것을 느낀다." 부모와 자녀는 상대방을 통제하려고 하면 안 되고 서로에게 말을 잘 들어주는 사람이 되어야 한다. 부모는 아이가 말을 잘 듣게 하려면 아이의 감정을 잘 살펴주어 말을 잘 들어주는 부모가 되어야 한다.

세상에서 가장 아름다운 교육은 엄마의 사랑이다

자신감이 없다면 당신은 인생에서 두 번 실패하게 된다.
그러나 자신감이 있다면 당신은 시작도 하기 전에 이미 승리한 것이다.

– 마르쿠스 가비, 자메이카의 흑인 인권운동가 –

아이가 사랑받고 있다는 확신이 있다면 가정이 화목하고 여유로운 가정 환경에서 자랐고 부모들의 사이도 좋다고 한다. 아이는 성장 과정에서 부모에게 전폭적인 지지와 신뢰를 받았기 때문에 타인을 신뢰할 줄 안다.

아이가 부모에게 인정받을 수 있다는 자신감의 원천은 어렸을 때부터 풍부하게 받은 대가 없는 사랑이다. 자신이 부모에게 사랑받고 신뢰받고 받아들여질 수 있다는 느낌은 어렸을 때부터 얼마나 사랑을 받았는지가 아이의 미래에 자아실현에 영향을 미치고 인간관계에서도 큰 자산이 된다.

아이에 대한 교육이란 아이가 독립된 인격체로서 행복하고 가치 있는 삶을 추구할 수 있도록 아이가 갖고 태어난 잠재력과 재능을 최대한 길러주어야 한다. 아이는 부모의 생각대로 자라지 않는다. 아이 교육이 이론대로 된다면 모든 아이는 공부를 잘하고 일류대학에 진학하게 된 것이다. 교육을 이론에 적용한다는 것은 불가능한 일이다. 아이에게 좋은 교육 환경을 만들어주고 성공으로 인도하려는 부모의 마음은 한결같다.

특별한 경우를 제외하고는 아이는 부모와 독립된 인격체이기 때문에 스스로 생각하고 자기 주도성을 가지게 되는 것이다. 성공할 수 있는 아이 교육의 경우는 노력과 배움의 결과물로 나오게 된다.

약 2,500년 전 그리스의 철학자 소크라테스는 '메노'라는 하인을 교육할 때 '왜', '어떻게', '어찌하여서'와 같은 질문을 계속함으로써 그가 논리적으로 사고할 수 있도록 가르쳤다고 한다.

교육이 어려운 이유는 모든 사람이 신체적, 성격적, 기질적, 감성적으로 각기 다른 특성을 가지고 태어났기 때문이다. 많은 부모가 수많은 실수와 시행착오를 거듭하면서 아이를 키우게 된다. 똑같은 아이가 없듯이 똑같은 교육도 존재하지는 않는다.

미국의 전 국무장관 콜린 파월이 말했다.

"성공을 위한 특별한 비결은 없다. 성공은 준비와 노력, 그리고 실패에서 얻는 배움의 결과이다."

아이는 엄마의 말보다 행동에서 더 많이 배운다. 아이의 거짓말에 대처하는 좋은 방법은 아이의 왕성한 상상력과 더 넓은 의미의 진실로 받아들이라고 한다. 아이는 생생하지만 왜곡된 이야기를 통해 더 많은 관심이 필요하다고 생각한다. 진실을 말하는 것의 중요성을 이해하고 진실과 진실이 아닌 것을 구별하는 방법을 가르쳐 주어야 한다. 거짓말을 하는 것에 대해서 혼을 내야겠다는 것만 생각하지 않는 엄마의 자세가 필요하다. 아이와 대화할 기회로 삼아서 진실과 정직에 대해서 가르쳐 주어야 한다.

토니 험프리의 『자존감 심리학』에 보면 다음과 같은 자녀와 부모가 건강한 가정의 특징이 소개된다.

- 조건 없는 사랑
- 자신과 안정된 관계에 있는 부모
- 부부간의 화합

– 소유를 전제로 하지 않는 따뜻함과 애정

– 판단하지 않는 태도

– 그림자 반응 때문에 위협받거나 깨지지 않는 가족 관계

– 다른 사람들과의 진실한 인간관계

– 독립심

– 창의성

– 사람과 행동을 분리해서 생각한다.

– 삶과 타인에 대한 사랑을 표현한다.

– 가족 구성원들 각자의 개인성, 고유함, 가치, 매력, 능력을 자주 확인한다.

– 서로를 받아들인다.

– 서로의 가치를 인정하고 존중한다.

– 장점과 약점을 인정한다.

– 서로의 삶에 관심을 가진다.

– 서로의 욕구에 적극적으로 귀를 기울인다.

– 노력을 격려하고 칭찬한다.

– 배움에 대한 사랑과 도전 정신을 기른다.

– 실수와 실패를 배움의 기회로 삼는다.

유대인 속담에 "물고기 한 마리를 주면 하루를 살지만, 물고기 잡는 방

법을 가르쳐주면 일생을 살 수 있다."라고 전해진다. 아이에게 단순히 학문만을 가르치는 것이 아니라, 학문을 배우고 익혀서 자기만의 방법으로 가르쳐 주는 것이 부모의 역할이다.

엄마는 내 아이만큼은 나보다 더 나은 삶을 살기를 바란다. 많은 어려움을 마다하지 않고 극복하면서 아이 교육에 집중하게 된다. 아이가 자신의 목표를 세우고 현실을 직시하면서 실현이 가능한 꿈을 목표로 하게 도와주어야 한다. 허황된 꿈이 아닌 현실적인 꿈을 갖도록 해주어야 한다.

생텍쥐페리는 "배를 만들게 하려면 먼저 바다를 보여 주어라."라고 말했다. 아이에게 부모는 자신이 사는 세상을 있는 그대로 보여주며 가르쳐주어야 한다. 어떤 과정을 거쳤는지 알려주는 것을 가치 있는 일로 여기며 가르친다면 아이는 자신의 바다를 향해 소중한 꿈을 펼쳐나가게 될 것이다.

법륜 스님이 쓴 『엄마 수업』에는 사랑을 단계별로 크게 세 가지로 나누어 설명하고 있다.

첫째, 정성을 기울여서 보살펴주는 사랑이다.

아이가 어릴 때는 정성을 들여서 헌신적으로 보살펴 주는 게 사랑이다

둘째, 사춘기 아이들에 대한 사랑은 간섭하고 싶은 마음, 즉 도와주고 싶은 마음을 억제하면서 지켜봐 주는 사랑이다.

셋째, 성년이 되면 부모가 자기 마음을 억제해서 자식이 제 갈 길을 가도록 일절 관여하지 않는 냉정한 사랑이 필요하다. 그는 "우리 엄마들은 헌신적인 사랑은 있는데, 지켜봐 주는 사랑과 냉정한 사랑이 없다. 이런 까닭에 자녀 교육에 대부분 실패한다."고 말한다.

06

엄마의 대화가 아이를 변화시킨다

부모는 자녀가 경험하기 원하는 것을
자신도 경험해보려는 마음을 가져야 한다.

― 존 홀트, 미국의 교육가 ―

'대화의 1·2·3 법칙'이라는 것이 있다. 1분만 말하고, 2분 이상 들어주며, 3분 이상 맞장구치라는 것이다. 공감적 경청의 중요성을 강조한 법칙이다. 엄마가 공감적 경청의 자세를 익히고 '대화의 1·2·3법칙'을 잘 실천하면 아이와의 대화가 수월해진다.

아이에게 공감하고 경청하는 것은 부모의 바람직한 자세다. 공감적 경청은 주의 깊게 들어야 하고 적절한 반응까지 보여 주어야 한다. 아이가 말을 할 때 "아, 그랬구나. 그래서 어떻게 됐어? 정말 힘들었겠다……." 하고 아이의 이야기를 적극적으로 맞장구쳐주며 공감해주면 좋다.

영국인 시인 알렉산더 포프는 "사람을 가르칠 때는 가르치지 않는 것처럼 하면서 가르치고, 새로운 사실을 제안할 때는 그 사람이 잊어버렸던 것을 우연히 다시 생각하게 된 것처럼 제안하라."라고 말했다.

아이와 의견이 다를 때 부모가 옳다고 논쟁을 벌이는 것은 옳지 않다. 또한 틀린 말이라고 지적당하면 감정이 상한다. 엄마도 솔직하게 잘못이 있다는 것을 인정할 줄 알아야 한다. 아이와 대화를 나누고 싶다면 우호적인 태도를 보여 주어야 한다.

소크라테스는 자기와 의견이 다른 사람들과 대화할 때 우선 동의하지 않을 수 없는 문제부터 질문을 던졌다. 그러고는 한 가지씩 상대의 동의를 구해나갔다. 이런 방법으로 소크라테스는 상대가 불과 몇 분 전만 해도 기를 쓰고 반대했을 어떤 결론을, 상대가 미처 깨닫기도 전에 스스로 수용할 때까지 계속 질문했다고 한다.

소크라테스 대화법은 아이와의 대화에도 적용할 수 있다. 부정적인 답변이 예상되는 질문보다는 긍정적인 답변을 할 수 있도록 유도해야 한다. 아이를 설득하려면 엄마보다는 아이가 스스로 말할 수 있게 해야 한다. 아이의 생각과 의견을 존중해주고 격려해주어야 한다. 아이 스스로 해결책을 찾도록 도와주어야 한다. 엄마의 의견을 강요하기보다는 제안하는 것이다. 예를 들면 "이번 기말고사 준비는 언제부터 시작하는 게 좋을까?"라고 묻는 것이다.

『어린 왕자』의 작가 생텍쥐페리는 말했다.

"만일 당신이 배를 만들고 싶다면 사람들을 불러 모아 목재를 가져오게 하고 일을 지시하고 일감을 나눠주는 등의 일을 하지 말라. 대신 그들에게 저 넓고 끝없는 바다에 대한 동경심을 키워줘라."

마음속에 바다에 대한 동경심을 가지고 있다면 누군가 억지로 시키지 않아도 스스로 배를 만들게 된다. 아이를 키우는 것도 마찬가지다. 공부해라! 게임을 하지 말아라! 나쁜 친구들과 어울리지 말아라! 라고 얘기하는 대신 아이에게 비전을 갖게 해야 한다.

세계적인 커뮤니케이션 전문가였던 데일 카네기는 성공적인 대화를 위한 원칙을 여섯 가지로 정리했다. 각 원칙의 이니셜을 따 'LADDER(사다리) 공식'이라고 부르는데, 아이와의 대화에 유용하다.

L 상대방을 바라본다. (Look at the person)
아이와 대화를 하려면 아이가 "엄마!"라고 부르는 순간 고무장갑을 벗고 아이 얼굴을 바라봐야 한다. 상대의 눈을 바라본다는 건 단순히 '보는 행위'가 아니다. '나는 당신에게 집중하며 공감할 준비가 되어 있습니다' 또는 '나는 당신에게 관심이 있습니다'라는 의미를 담은 행위다.

A 질문한다. (Ask questions)

아이와 풍부한 대화를 나누기 위해서는 폐쇄형 질문이 아닌 개방형 질문을 던져야 한다. 아이에게 긍정적인 질문을 던지면 아이의 감정까지 긍정적으로 바뀐다. 개방형 질문과 긍정적 답변을 유도하는 질문을 잘하면 아이와의 대화가 매끄럽고 편안해진다.

D 중단시키지 않는다. (Don't interrupt)

아이가 무슨 생각을 하며 살고 있는지, 고민은 무엇이고 어떤 꿈을 꾸고 있는지 알고 싶다면, 그래서 아이와의 대화를 원한다면 어떤 일이 있어도 아이의 말을 중간에 끊어서는 안 된다. 엄마와 원활하게 의사소통이 안 되는 아이에게 대뜸 야단부터 치는 것은 아무 도움도 안된다.

D 주제를 바꾸지 않는다. (Don't change the subject)

엄마들이 아이와의 대화에서 가장 빈번하게 저지르는 실수가 있다. 아이가 무슨 말을 하든지 엄마 구미에 맞는 화제로 바꿔버리는 것이다. 엄마 마음대로 화제를 전환하지 말고 아이에게 대화의 주도권을 주어야 한다. 특히 "그러니까 넌 왜 그렇게 공부를 안 하니."로 결론을 내지 않도록 유의해야 한다.

E 감정을 조절해서 표현한다. (Express emotion with control)

대화하다 감정이 격해졌을 때 이성을 찾아야 할 쪽은 당연히 부모다. "그따위로 하려면 다 때려치워!" 하고 불호령을 쳐봤자 남는 건 죄책감과 후회뿐이다. 아이와 자신을 냉정하게 분리하면 이성을 되찾을 여유가 생긴다.

R 적절하게 반응한다. (Respond appropriately)

카네기도 대화의 마지막 원칙으로 공감적 경청을 꼽았다. 부모가 아이 말에 적절하게 맞장구치면서 반응을 보이면 아이는 부모에게 인정과 이해를 받는 생각에 고무돼 더 많이, 더 신나게 말한다. 부모가 아이의 말을 잘 들어주면 아이는 더 많이 말하게 되고, 그럴수록 부모는 아이의 현재 상황을 더 잘 파악하게 되는 동시에 아이와 친밀감을 쌓을 수 있다.

아이와 대화하는 효과적인 방법에 대해 알아보면

첫 번째, 아이에게 말할 때 아빠와 엄마가 자신감을 가져야 한다.
두 번째, 아이와 눈높이를 맞춰 눈을 맞추며 이야기해야 한다.

세 번째, 아이가 떼를 쓰더라도 중립적이면서 차분하게 침착함을 유지해야 한다.

네 번째, 아이에게 간결하게 말하면서도 구체적으로 설명해주어야 한다.

아이와 대화할 때 화가 나더라도 엄마가 소리를 지르는 것보다는 차분한 어조로 말하는 게 효과적이라고 한다. 아이가 이해하기 쉽게 구체적으로 말하면서 설명해주는 것도 좋다.

07

아이 교육의 뿌리는 가정 교육이다

신은 명랑한 사람에게 복을 내린다.
낙관은 자신뿐 아니라 다른 사람도 밝게 만든다. 모든 일이 다 잘될 거야.

– 탈무드 –

아이의 마음을 이해하고 성장 과정을 지원하는 방법을 생각해야 한다. 아이가 성장 과정에서 말로 감정을 표현하고 공감하는 능력, 문제 해결 기술, 감정을 알아차리는 능력을 배우게 하려면 가정의 교육이 중요하다. 또한 아이가 유능한 사람으로 자라게 하려면 어떻게 도와주어야 할지 부모는 고민해야 한다.

『맹자孟子』에 보면 이런 말이 있다.

"하늘이 어떤 이에게 장차 큰일을 맡기려 할 때는 반드시 먼저 그 마음을 수고롭게 하고 그 근육과 뼈를 지치게 하며 육체를 굶주리게 하고 생활을 곤궁하게 해서 행하는 일이 뜻대로 되지 않도록 가로막는데, 이것은 그의 마음을 움직여 그 성질을 단련시키며 예전에는 도저히 할 수 없었던 일을 더 잘하도록 하기 위함이다. 사람은 언제나 잘못을 저지른 뒤에야 바로잡을 수 있고, 곤란을 당하고 뜻대로 잘되지 않은 다음에야 분발하고 상황을 알게 되며, 잘못된 신호가 나타난 뒤에야 비로소 깨닫게 된다. 내부적으로 법도 있는 집안은 제대로 보필하는 선비가 없고, 외부적으로 적이나 외환이 없는 나라는 언제나 망하게 된다. 우리는 그다음에야 우환이 사는 길이고 안락이 죽는 길임을 알게 되는 것이다."

가정에서 아이를 교육할 때 인격적인 비난이나 비판을 하면 안 된다. 아이가 반항하거나 불평을 늘어놓는 순간이 오더라도 아이에게 도움이 되는 양육의 기술을 써야 한다. 가족회의를 통해 십 대 아이에게 가치 있는 인생 기술과 사회적 기술을 가르칠 수 있고, 아이에게 존중감과 존엄을 배울 수 있는 곳이 된다.

가족회의는 부모가 아이에게 잔소리하는 것을 멈추고, 아이가 스스로 원칙을 세우고 행동할 수 있도록 도와준다. 또한 아이들이 부모의 이야기를 경청하게 되고 가족에 대한 좋은 기억을 갖도록 한다.

가족회의를 통해 아이는 의견을 제시하는 능력, 문제를 해결하는 능력과 경청의 기술을 배우게 된다. 가족 구성원 모두 자존감과 소속감이 높아지게 된다. 가족회의를 통해서 아이의 장점을 발견하게 되고 서로 감정을 나누며 문제점을 생겼을 때 해결 방안을 찾게 된다. 서로 대화를 나누기에 좋은 방법인 가족회의를 통해 민감한 문제를 정해진 시간에 다루며 서로 마음을 가라앉히고 생각하는 시간을 가질 수 있게 된다. 부모의 기분에 따라 감정적으로 가족회의를 진행하는 것이 아니라 시간을 정하고 약속된 시간에 진행할 때 효과가 좋다.

아이는 가족회의에 참여하게 되면 자존감과 소속감을 느끼게 된다. 해결책을 다 정할 필요는 없고 모든 문제를 해결해야 한다는 부담감을 버려야 한다. 가족회의는 가족 간에 대화를 나눌 수 있는 좋은 시간이 될 수 있다.

아이에게 용기를 주는 방법은 아이와 부모 자신을 신뢰해야 한다. 아이가 잘못했을 때 벌을 주기보다는 어려운 순간에 닥쳤을 때 대신해주기보다는 다시 할 기회를 주어야 한다. 문제가 생겼을 때 해결해주기보다는 같이 해결하기 위한 해결책을 찾아봐야 한다. 아이가 실수하더라도 책임감을 느끼고 해결할 수 있도록 도와주어야 한다. 실수를 직면할 능력과 맡아서 해야 할 임무나 의무를 중히 여기는 마음이 있다면 성장의 기회로 삼을 수 있게 된다.

아이와 함께 계획을 세우고 일정을 짜는 것이 좋다. 부모가 아이와 함께 하는 계획과 일정은 아이의 미래에 인생을 준비할 방법을 알려주는 것이다. 미래에 대한 부모의 긍정적인 태도는 아이에게 성장하는 것이 좋은 것이라는 기대하게 해주는 것이다. 또한 아이의 성장 과정에서 열정과 용기를 줘야 한다.

시련과 좌절은 아이의 성장에 필요한 훈련이다. 시련을 겪지 못했거나 어려운 도전을 받아들이려 하지 않는다면 강한 의지가 형성될 수 없다. 부모는 아이의 미래를 위해서 용감하게 시련을 받아들일 수 있도록 언제든 품에서 놓아줄 준비가 되어 있어야 한다.

어떤 과학자가 흥미로운 실험을 했다. 그는 벼룩을 테이블 위에 놓고 한번 두들겨 보았다. 벼룩은 곧바로 뛰어올랐다. 최고 높이 뛰어오른 것은 자그마치 자기 키의 150배나 되었다. 그야말로 세계에서 가장 높이 뛰어오르는 동물이라 할 만했다.

그런데 이번에는 벼룩의 머리 위에 유리 덮개를 덮어놓고 다시 벼룩을 뛰어보게 했다. 벼룩은 뛰어오르다가 유리 덮개에 부딪혔다. 몇 차례 연속적으로 부딪힌 후 벼룩은 어느새 환경에 적응하여 유리 덮개 높이 만큼 뛰어올랐다.

유리 덮개의 높이를 낮추면 낮출수록 벼룩의 점프 높이도 낮아졌다. 자신의 높이뛰기를 알아서 변경한 것이다. 마지막에 유리 덮개를 테이블 면에 거의 근접하게 놓아두었다. 벼룩은 뛰어오를 방법이 없게 되자 더 뛰지 않았다. 그런데 재미있는 것은 과학자가 유리 덮개를 완전히 치워 버린 후에도 여전히 벼룩은 뛰지 않았다는 사실이다.

아이의 인생에 있어서 한계란 없다는 것을 이끌어주어야 한다. 한계는 자신이 스스로 세운 울타리와 같은 것이다. 가정에서 교육의 힘을 통해 넓은 세상으로 나아갈 수 있도록 용기와 격려를 해주어야 한다.

자식 교육에는 장사가 없다. 조선 유학의 큰 스승 퇴계 이황(李滉: 1501~1570) 선생이 지었다고 전해지는 시만 봐도 알 수 있다. 부모들은 자식에게 많은 것을 가르치려 들고, 공부 안 한다고 회초리로 때리기도 하며, 생각대로 안 되면 바보니 멍청이니 자식을 혼내려 든다. 그렇게 하지 않으려 해도 몸이 말을 듣지 않는다. 퇴계는 다 소용없는 짓이라고 못을 박는다. 많이 가르치려는 것은 곡식을 빨리 자라게 하려고 싹을 쑥 뽑아 올리는 것과 같아, 그냥 놔두면 잘 자랄 가능성을 없앤다. 회초리보다는 크게 칭찬하는 것이 훨씬 효과가 좋다. 최악의 상황은 자식에게 수시로 분노하며 바보 천지라고 욕하는 일이다.

사람들은 아이의 품성에 문제가 있으면 습관적으로 아이를 탓하고 꾸짖는다. 아이의 품행이나 습관의 부모 양육과 교육 방식과 연결되어 있다. 아이의 문제를 개선하는 일은 부모 스스로 가정의 교육 방식을 어떻게 바꿔야 할까? 라는 고민에서 시작해야 한다. 내 아이에게 문제가 있어도 부모는 스스로 변화해서 아이의 변화를 이끌어야 한다. 책임감이 부여되는 것이다.

08

지식보다는 지혜를 가르쳐주자

책은 조용하면서도 한결같은 친구이자 언제나 만날 수 있는
현명한 안내자이며 인내심이 아주 강한 선생님이다.

- 찰스 엘리엇, 미국의 교육자 -

아이가 경험할 수 있도록 아이와 세상 사이에 끼어들지 않고 아이가
닿을 수 있는 거리에서 과정을 격려하고 지지하는 방법으로 이끌어주어
야 한다. 아이가 최선을 다하는 동안 격려가 필요할 때 부모는 적절하게
도움을 주어야 한다. 아이는 부모가 지지해주는 분위기를 통해서 아이가
스스로 선택하고 경험하는 기회를 얻어야 한다. 아이를 훈계하거나 잘못
을 지적하지 않고 공감하며 지지해주어야 한다.

아이를 키울 때 단점을 먼저 지적하는 식으로 접근하면 아이는 변명을
늘어놓거나 방어하는 말만 늘어놓게 된다. 부모는 이런 아이를 보면서
화가 나고 감정이 부딪치게 된다. 아이의 단점은 그대로 두고 좋은 행동

을 늘리는 쪽에 집중해야 한다. 좋은 행동이 많아지면 단점은 줄어들게 된다. 칭찬은 고래도 춤추게 한다. 격려와 칭찬은 필요하다. 격려와 칭찬을 하면 동기 부여가 되어 아이는 칭찬받기 위한 행동을 하게 된다.

부모는 결과에 대한 칭찬보다는 격려를 해주어야 한다. 부모가 결과에 집중하면 아이도 결과에 집중하게 된다. 결과는 상황에 따라 달라진다. 부모는 결과보다 과정을 중요하게 여겨야 한다. 과정에 충실하도록 아이를 이끌어주어야 한다. 아이가 선택한 과정에 세심한 관심을 두어야 한다. 과정을 중심으로 격려하게 되면 아이는 결과보다는 과정에 충실하게 된다. 격려가 칭찬보다 더 중요하다. 격려는 결과가 나쁠 때도 부족했지만 잘했다고 자신감과 용기를 불어넣어주는 말이다.

어느 먼 나라에 두 명의 목수가 살고 있었다. 둘은 모두 재능이 뛰어나 우열을 가리기 힘들었다. 어느 날 왕은 문득 궁금해졌다.

'누가 정말 최고의 목수일까? 시합을 해서 이긴 사람에게 우리나라 최고의 목수라는 칭호를 내려야겠어.'

왕은 두 목수를 불러 말했다.

"사흘 안에 진짜 생쥐 같은 조각을 만들어내는 자에게 '우리나라 최고의 목수'라는 칭호와 함께 엄청난 재물을 내리겠다."

두 목수는 사흘 밤낮을 잠도 자지 않고 일했다. 드디어 마지막 날, 그들은 마침내 각자 만든 생쥐 조각을 왕께 바쳤다. 왕은 신하들을 불러 함께 평가했다.

첫 번째 목수가 만든 생쥐 조각은 정말 살아 있는 것처럼 세세한 부분까지도 실제 쥐와 똑같았다. 심지어 수염이 금방이라도 실룩거릴 것만 같았다. 두 번째 목수가 만든 생쥐 조각은 그리 생쥐 같지 않았다. 멀리서 보면 그나마 비슷해 보였지만 가까이 다가가면 그제 세 개의 조각을 붙여 만든 것처럼 허술하기 짝이 없었다. 승부는 금방 가려졌다. 왕과 신하들은 한결같이 첫 번째 목수가 잘했다고 말했다.

그러자 두 번째 목수가 불만을 드러냈다.

"심사가 너무 불공평합니다."

왕이 그에게 물었다.

"뭐가 불공평하다는 거지?"

목수는 말했다.

"누구의 조각이 더 생쥐 같은지는 고양이가 결정하게 해야 합니다. 쥐를 보는 눈은 사람보다 고양이가 더 예리하잖습니까!"

왕은 그의 말도 일리 있다고 생각했다. 곧 고양이를 데려와 어느 것을 진짜 생쥐로 착각하는지 보았다. 고양이들은 뜻밖에도 두 번째 목수의 생쥐 조각에 달려들었다. 진짜 같았던 첫 번째 목수의 생쥐 조각은 고양이들로부터 푸대접을 받았다. 왕은 누구를 승자로 뽑아야 할지 몹시 고민스러웠다. 고심 끝에 왕은 하는 수 없이 둘을 모두 최고라고 인정했다. 며칠 뒤 왕은 조용히 두 번째 목수를 불러서 물었다.

"도대체 어떻게 했기에 고양이가 네 조각을 진짜 생쥐라고 여긴 것이냐?"

목수가 대답했다.

"저는 다만 물고기 뼈로 그 조각을 만든 것뿐입니다. 고양이는 사실 그 조각이 쥐를 닮은지에는 관심이 없었고, 그저 비린내에 관심을 보인 것 뿐입니다."

두 목수의 대결은 겉으로는 조각 기술의 대결이었지만 지혜를 겨룬 것이다.

'멘토'는 트로이전쟁의 영웅인 그리스의 이타가 왕 오디세우스가 전장에 나가기 전 자신의 친구인 멘토에게 아들 텔레마코스를 부탁한 데서 비롯되었다. 멘토는 오디세우스가 없는 20년 동안 친구의 아들을 훌륭하게 키워냈는데, 그는 선생님처럼 행동하지 않고 동료처럼 혹은 친구처럼 가르쳤다고 한다. 여기에서 멘토는 단순히 학습 지도만이 아니라 인생의 스승으로서 상담까지 해주는 지혜로운 스승을 의미하게 되었다.

교육 전문가들은 부모의 역할을 3가지 기준에 따라 설명한다.

첫째, 미래 비전을 제시하는가
둘째, 자녀의 생활 습관을 관리하고 있는가
셋째, 자녀에 대하여 잘 알고 있는가

이 3가지 기준을 모두 충족시키는 부모, 즉 미래의 비전을 제시해주면서 자녀의 적성도 파악하고 생활 습관도 관리하면서 자녀를 존중한다면 바람직한 부모상이다.

유대인 부모들은 어려서부터 아이에게 의사결정권을 준다고 한다. 하루의 일과를 계획하는 것부터 시작해서, 공부, 집안일, 학교생활, 사회봉사 등 내 아이가 하는 일에 대해서 일절 간섭하지 않는다고 한다. 아이가 조언을 구할 때 가이드라인 정도만 제시해 준다고 한다. 의견에 관한 결정도 아이 스스로 하게끔 만드는 유대인 부모의 모습도 어느 정도 대한민국 부모라면 지향해야 할 부분이다.

어떤 일을 할 때 아이가 적극적으로 참여하고 성취감을 느끼면 그 일과 관련해서 좋은 습관을 지니게 되지만 자유롭지 못하고 죄책감을 느끼면 나쁜 습관을 지니게 된다고 한다. 사람의 천성은 자유를 추구한다고 한다. 아이는 좋아하는 일을 할 때 감시와 억압을 받게 되면 그 일에 흥미를 잃게 된다. 아이의 독서나 공부를 도와주는 시간이 길어지면 부모의 역할은 감시관에 가까워지게 된다. 아이의 숙제를 도와주는 것은 아이에게 좋은 습관을 키워주는 것이 아니라 나쁜 습관과 자제력을 잃게 만드는 결과가 올 수도 있다. 습관의 중요성은 부모가 아이에게 무엇이 좋은 습관인지를 고민해보고 성찰해보아야 한다.

수호몰린스키는 "유년기에 자신의 약점을 극복하는 만족감을 체험한 사람은 비판적인 태도로 자신을 대하고 자아를 인식한다."라고 말했다. 자아를 인식하지 못하면 자아를 교육할 수도 없고 내면에 질서를 바로잡을 수도 없다. 사회가 모든 아이에게 완벽한 교육을 제공하는 것은 어렵다. 부모는 자녀에게 최대한 좋은 교육 환경을 조성할 책임이 있다. 지식보다는 지혜를 가르쳐야 하는 이유도 여기에 있는 것이다.

이 세상에 완벽한 부모는 없다. 완벽한 아이도 없다. 부모는 힘들면 힘들다고 아이에게도 얘기할 수 있어야 한다. 아이가 자신을 힘들게 한다는 사실을 인정하고 아이가 미울 때에는 '너 미워, 그렇지만 엄마가 너를 미워하면 안 되지'라고 생각하라는 것이다. 엄마의 부정적 감정과 분노, 슬픔 등을 아이가 경험할 수 있게 해야 한다고 한다. 아이는 부모에게서 긍정적인 감정을 배워야 하지만 부정적인 감정도 배워야 하기 때문이다. 긍정적인 감정으로 엄마의 자존감을 높이는 것도 필요하지만 부정적인 감정이 생겼을 때 어떻게 표현하고 처리하는지도 배워야 한다.

정신분석의 정도언의 『프로이트의 의자』를 보면 분노라는 무의식을 다스리는 방법에 대해 제시되어 있다. 깊게 숨을 쉬기 위해서는 우선 숨을 내쉬어야 한다. 숨이 차 있는데 숨을 들이쉬면 힘이 들어간다. 숨을 내쉬어야 새 숨이 들어올 공간이 생긴다.

분노했을 때 들이쉬는 숨은 세 박자, 내쉬는 숨은 다섯 박자 정도로 길이를 조정한다. 그러면서 손발이 무겁거나 따뜻해진다는 느낌이 든다고 상상을 한다. 그리고 내 안의 분노가 '호랑이'라면 우리에서 뛰쳐나온 호랑이를 일단 달래서 그 안으로 다시 넣는다고 머릿속으로 그림을 그리면서 상상한다. 그 후에 우리 안에서 호랑이가 자신을 표현할 수 있도록 도와준다고 이어간다. 그것이 안전하게 분노를 내 안으로 끌어들이는 방법이다. 분노 역시 내가 만들어낸 내 마음의 자식이다.

아이를 감정적으로 꾸짖으면 아이는 위축되어 거짓말을 한다. 아이가 잘못했을 경우나 실패에 심하게 화를 내면 아이는 위축되어 다른 방향으로 어긋나게 될 수도 있다. 아이가 잘못하면 엄마는 감정적으로 야단치지 말아야 한다.

엄마가 감정적으로 화를 자주 내면 아이는 잘못을 감추는 데 급급해진다. 아이가 잘못이나 실수를 하더라도 야단치지 않고 실패를 극복할 수 있도록 조언하고 협력해주는 부모 밑에서 자란 아이는 도전이나 모험을 두려워하지 않는다. 아이는 실수와 실패를 경험함으로써 마음먹은 대로 되지 않은 일에 대해서 대처법이나 극복하는 방법을 배워나가게 된다.

생텍쥐페리가 쓴 『어린 왕자』에 나오는 글이다.

세상을 바꾸는 단 한 가지 방법이 있다.

"설령 고약한 이웃이 있더라도 그저 너는 더 좋은 이웃이 되려고 노력해야 하는 거야. 착한 아들을 원한다면 먼저 좋은 아빠가 되는 거고, 좋은 아빠를 원한다면 먼저 좋은 아들이 되어야겠지. 남편이나 아내, 상사 부하직원도 마찬가지야. 간단히 말해서 세상을 바꾸는 단 한 가지 방법은 바로 자신을 바꾸는 거야."

아이를 바꾸려고 하지 말고, 세상을 바꾸려고 하지 말고, 부모 자신이 바뀌어야 한다.

교육 전문가들은 부모의 역할을 3가지 기준에 따라 설명한다.

첫째, 미래 비전을 제시하는가
둘째, 자녀의 생활 습관을 관리하고 있는가
셋째, 자녀에 대하여 잘 알고 있는가

이 3가지 기준을 모두 충족시키는 부모, 즉 미래의 비전을 제시해주면서 자녀의 적성도 파악하고 생활 습관도 관리하면서 자녀를 존중한다면 바람직한 부모상이다.

엄마와 아이를 위한 독서 리스트

1. 엄마를 위한 독서 리스트

1) 엄마의 자존감을 위한 책

- 『혼자 있는 시간의 힘(기대를 현실로 바꾸는)』, 사이토 다카시 저, 장은주 역, 위즈덤하우스, 2015.07.27.

- 『엄마도 위로가 필요해 (지치고 불안한 엄마들이 꼭 읽어야 할 부모 마음 치유 상담서)』, 송지희 저, 알에이치코리아, 2018.12.21.

- 『다음 생엔 엄마의 엄마로 태어날게 (세상 모든 딸들에게 보내는 스님의 마음편지)』, 선명 저, 21세기북스, 2019.01.30.

- 『엄마 이름은 _____입니다.』, 지주연 저, 혜화동, 2019.10.31.

- 『여자가 절대 포기하지 말아야 할 것들 (어떤 삶을 살든)』, 박금선 저, 갤리온, 2016.01.04

2) 자녀 교육을 위한 책

- 『하루 10분 엄마습관 (평범한 아이도 공부의 신으로 만드는 기적의

교육법)』, 무라카미 료이치 저, 최려진 역, 로그인, 2015.07.10.

  ─『아이처럼, 부모답게 (독일 아마존 70만부 베스트셀러, 작은 약속으로 행복해지는 부모와 아이 사이)』, 아네테 카스트 저, 문정현 역, 세상풍경, 2014.12.08

  ─『못 참는 아이 욱하는 부모 (오은영 박사의 감정 조절 육아법)』, 오은영(의사) 저, 코리아닷컴 , 2016.05.15.

  3) 자녀의 독서 관련 책
  〈상상력〉
  ─『호랑이 뱃속에서 고래잡기』, 김용택 저, 푸른숲 주니어 , 2000.12.26
  ─『우리 순이 어디 가니』, 윤구병 저, 보리, 1999.04.03
  〈창의력〉
  ─『납작이가 된 스탠리』, 제프 브라운 저, 지혜연 역,시공주니어, 1999.08.25
  〈판단력〉
  ─『다름이의 남다른 여행』, 최유성 저, 우리교육, 2007. 02. 28
  〈추리력〉
  ─『에밀과 탐정들』, 에리히 캐스트너 저, 장영은 역,시공주니어, 2000.03.30

〈문제 해결력〉

─『짜장 짬뽕 탕수육』, 김영주 저, 재미마주, 1999.07.16

〈어휘력〉

─『나비가 날아간다』, 김용택 저, 미세기, 2001.11.05

〈논리력 사고력〉

─『라 퐁텐 우화집』, 장 드 라 퐁텐 저, 크레용하우스, 2001.02.23

〈비판적 사고력〉

─『꼬마 백만장자 팀탈러1,2』, 제임스 크뤼스 저, 정미경 역,논장,
2003.04.25

2. 아이를 위한 독서 리스트

1) 유아~1,2세

─『달님 안녕』, 하야시 아키코 저, 한림출판사, 2010.12.24.

─『짠, 까꿍놀이』, 기무라 유이치 저, 최윤경 역, 웅진주니어,
2008.3.1.

─『사랑해 모두모두 사랑해』, 매리언 데인 바우어 저, 신형건 역, 보물
창고, 2009.11.5.

─『세밀화로 그린 아기보리 그림책』, 보리 저, 보리, 2016.01.21.

─『도리도리 짝짜꿍 하늘이랑 바다랑』 김세희 저, 보림, 1998.11.25.

2) 3~4세

- 『누구 그림자일까?』, 최숙희 저, 보림, 2000.09.01
- 『내가 아빠를 얼마나 사랑하는지 아세요?』, 샘 맥브래트니 저, 김서정(옮긴이), 베틀북, 1997. 01
- 『우리 몸의 구멍』, 허은미 저, 길벗어린이, 2000.06.10
- 『누가 내 머리에 똥 쌌어?』, 베르너 홀츠바르트 저, 사계절, 2002.01.05.

3) 5~6세

- 『내가 만일 엄마라면』, 마거릿 파크 브릿지 저, 베틀북, 2000.04.21
- 『도대체 그동안 무슨 일이 일어났을까?』, 이호백 저, 재미마주, 2000.09.30
- 『누구 발자국일까?』, 밀리센트 엘리스 셀샘 저, 장석봉 역, 비룡소, 1998.10.20
- 『장갑』, 우크라이나 민화, 한림출판사, 2015.08.25

4) 7세

- 『마녀 위니』, 밸러리 토머스 저, 김중철 역, 비룡소, 1996.06.07
- 『팥죽 할머니와 호랑이』, 조대인 저, 보림, 1997.06.26
- 『숲속에 집 짓는 암소 무』, 토마스 비스란데르 저, 사계절, 1996.12.10

-『바바빠빠』, 아네트 티종, 탈루스 테일러 저, 이용분 역, 시공주니어,
1994.06.30

5) 초등학교 1학년
-『숨 쉬는 항아리』, 정병락 저, 보림, 2005.11.25
-『칠판 앞에 나가기 싫어!』, 다니엘 포세트 저, 최윤정 역, 비룡소,
1997.11.10
-『지각대장 존』, 존 버닝햄 저, 박상희 역, 비룡소, 1999.04.06
-『황소와 도깨비』, 이상 저, 다림, 1999.11.16
-『강아지똥』, 권정생 저, 길벗어린이, 1996.04.01

6) 초등학교 2학년
-『마법의 설탕 두 조각』, 미하엘 엔데 저, 유혜자 역, 한길사,
2001.05.10
-『내 짝궁 최영대』, 채인선 저, 재미마주, 1997.05.03
-『행복한 왕자』, 오스카 와일드 저, 이진영 역, 아이위즈. 2019.12.10
-『우리를 둘러싼 공기』, 엘레오노레 슈미트 저, 김윤태 역, 비룡소,
1997.09.05

7) 초등학교 3학년

－『세계의 어린이 우리는 친구』, 유네스코 아시아 문화센터 저, 한림출판사, 1991.10.01

－『갯벌』, 박경태 저, 우리교육, 2000.07.15

－『작은 집 이야기』, 버지니아 리 버튼 저, 홍연미 역, 시공주니어, 1993.11.15

－『눈이 딱 마주쳤어요』, 이준관 저, 논장, 2001.07.15

8) 초등학교 4학년

－『엉뚱이 소피의 못 말리는 패션』, 수지 모건스턴 저, 최윤정 역, 비룡소, 1997.03.20

－『생명이 들려준 이야기』, 위기철 저, 사계절, 2006.11.27

－『나라를 지킨 호랑이 장군들』, 우리누리 저, 주니어중앙, 2011.02.08

－『신라를 왜 황금의 나라라고 했나요?』, 전호태 저, 다섯수레, 2012.07.30

9) 초등학교 5학년

－『동화로 읽는 가시고기 1,2』, 조창인 저, 주니어파랑새, 2002.07.05

－『돌도끼에서 우리별 3호까지』, 전상운 저, 아이세움, 2008.09.10

－『어린 왕자』, 앙투안 드 생텍쥐베리 저, 더클래식, 2011.06.13

-『몽실언니』, 권정생 저, 창비, 2012.04.25

10) 초등학교 6학년

 -『별똥별 아줌마가 들려주는 우주 이야기』, 이지유 저, 창비, 2011.07.05
 -『이집트 사람들은 어떻게 살았을까?』, 하워드 카터 저, 이혜경 역, 청
솔, 2007. 05.08
 -『쉽게 읽는 백범일지』, 김구 저, 돌베개, 2005.11.23
 -『마당을 나온 암탉』, 황선미 저, 사계절, 2002.04.15.
 -『아버지의 편지-다산 정약용 편지로 가르친 아버지의 사랑』, 정약용
저, 함께 읽는책, 2004.05.15

11) 청소년

 -『연탄길1~3』, 이철환 저, 생명의 말씀사, 2016. 08.29
 -『소나기』, 황순원 저, 다림, 1999.04.03.
 -『제인 구달의 아름다운 우정』, 제인 구달(동물학자) 저, 윤소영 역,
웅진주니어, 2002.11.05.
 -『시튼 동물기』, 어니스트 시튼(소설가) 저, 햇살과 나무꾼 역, 논장,
2019.03.15.

〈집단 따돌림 당할때〉

-『까마귀 소년』, 야시마 타로 저, 윤구병 역, 비룡소, 1996.07.10

-『미운 오리 새끼』, 안데르센 저, 작은책방, 2010.05.24

〈남의 물건을 탐낼때〉

-『장발장』, 빅토르 위고(작가) 저, 김준우 글, 신윤덕 역, 삼성출판사, 2016.03.01

〈학교 가기 싫어할 때〉

-『제닝스는 꼴찌가 아니야』, 앤터니 버커리지 저, 햇살과나무꾼 역, 사계절, 2004.05.03

〈성적이 떨어졌을 때〉

-『성적표 받은 날』, 진 윌리스 저, 범경화 역, 내인생의 책 , 2010.03.09

〈소심하고 용기가 없음〉

-『메리네 집에 사는 괴물』, 파멜라 엘렌 저, 김상일 역, 키다리, 2009.06.01

〈가난한 부모를 원망함〉

-『엄마 찾아 삼만리』, 에드몬도 데 아미치스(소설가) 저, 박성배 역, 효리원 , 2011.10.10

〈친구와 싸웠을 때〉

-『우리 반 깜띠기』, 권민수 저, 대교출판, 2008.11.30

〈화를 잘 낼 때〉

-『왕 짜증 나는 날』, 아미 크루즈 로젠달 저, 유경희 역, 주니어김영사 , 2007.04.03